Springer-Verlag Berlin Heidelberg GmbH

Bernd Cyffka · Joachim W. Härtling (Hrsg.)

Bodenmanagement

Mit 37 Abbildungen und 14 Tabellen

Springer

Herausgeber:
Gesellschaft für UmweltGeowissenschaften (GUG)
in der Deutschen Geologischen Gesellschaft (DGG)
GUG im Internet: http://www.gug.org

Bandherausgeber:
Priv.-Doz. Dr. Bernd Cyffka
Universität Göttingen
Geographisches Institut
Goldschmidtstraße 5
37077 Göttingen
E-mail: bcyffka@gwdg.de

Prof. Dr. Joachim W. Härtling
Universität Osnabrück
Institut für Geographie
Seminarstraße 20
49069 Osnabrück
E-mail: jhaertli@uos.de

Schriftleitung:
Monika Huch
Lindenring 6
29352 Adelheidsdorf

Umschlagabbildungen:
Vorderseite: Vegetationsschäden über verborgenem Haldenmaterial (Foto: Oertel), Schwermetall-
gehalte (Kupfer, Zink und Blei) in einem Bodenprofil (Grafik verändert), beide aus dem Beitrag von M.
Frühauf; Rückseite: Ausschnitt aus einer GIS-Grafik zur Bodentypenverteilung von B. Cyffka

ISBN 978-3-540-42369-0

Die Deutsche Bibliothek - CIP-Einheitsaufnahme
Bodenmanagement / Hrsg.: Bernd Cyffka.- Berlin; Heidelberg; New York; Barcelona; Hongkong; London;
Mailand; Paris; Tokio: Springer, 2002
(Geowissenschaften und Umwelt)
ISBN 978-3-540-42369-0   ISBN 978-3-642-56284-6 (eBook)
DOI 10.1007/978-3-642-56284-6

Geowissenschaften + Umwelt

Vorwort

Die Geowissenschaften befassen sich mit dem System Erde. Dazu gehören neben den Vorgängen im Erdinneren vor allem auch jene Vorgänge, die an der Erdoberfläche, der Schnittstelle von Atmo-, Hydro-, Pedo-, Litho- und Biosphäre auftreten. Alle Sphären sind nur sehr vordergründig betrachtet singuläre und damit klar voneinander abgrenzbare Einheiten. Sowohl die chemische Zusammensetzung in einem Systemkompartiment als auch die Transport- und Reaktionsvorgänge darin sind abhängig von den jeweiligen Wechselwirkungen mit den benachbarten Kompartimenten und deren Strukturen.

Gleichzeitig sind wir mit sehr hoch variablen zeitlichen Dimensionen konfrontiert. Von gebirgsbildenden Prozessen im Maßstab von Jahrmillionen über die Genese von Böden innerhalb von Jahrhunderten und Jahrtausenden bis hin zu Wechselwirkungen zwischen Sickerwasser und Bodenkrume oder Molekülen in der Troposphäre innerhalb von Nanosekunden treffen nahezu beliebige Raum-Zeit-Dimensionen aufeinander. Für Wissensdurstige erwächst daraus zwangsläufig die Notwendigkeit, sich dieser gegebenen Vieldimensionalität anzupassen – kein einfacher Anspruch.

Nicht weniger anspruchsvoll ist es, die Wechselwirkungen zwischen diesen Sphären und dem Wirken der Menschen zu erfassen und qualitativ wie quantitativ zu bewerten. Parallel zur Abkehr vom mechanistischen Weltbild in den Biowissenschaften wird auch in den Erdwissenschaften zunehmend erkannt, daß es hierzu der eingehenden Systembetrachtung bedarf. Dazu gehören neben den Naturwissenschaften oft auch Erkenntnisse der Ökonomie, der Soziologie und anderer Geisteswissenschaften.

Obwohl sich diese Erkenntnis zumindest verbal durchgesetzt hat, sind wir von einer Umsetzung und einem Systemverständnis in den meisten Fällen noch weit entfernt. Es ist nicht einmal trivial, eine sinnvolle Verknüpfung zu finden zwischen den klassischen Herangehens- und Betrachtungsweisen der Geowissenschaften und den Fragen, die aus der Umweltproblematik resultieren.

Dabei haben die Geowissenschaften einen potentiellen Erkenntnisvorsprung, den es für die Umweltforschung und -diskussion zu nutzen gilt: ihr spezifisches Raum- und Zeitverständnis. Aufgaben und Ziele der Umweltgeowissenschaften ergeben sich daraus zwanglos. Die diversen Belastungen der Sphären durch anthropogene Eingriffe sind aufzuzeigen und Ansätze zur Problemlösung zur Diskussion zu stellen oder bereitzuhalten. Sowohl die direkten Auswirkungen als auch längerfristige Folgewirkungen menschlicher Eingriffe müssen qualitativ und quantitativ erfaßt werden, um negative – oder gar katastrophale – Entwicklungen zu verhindern, bereits eingetretene Schäden zu beseitigen und künftige Störungen zu vermeiden.

Die von den unterschiedlichen Teildisziplinen erarbeiteten Erkenntnisse sollen durch die Umweltgeowissenschaften zu einer Synthese gebracht werden. Vor dem Hintergrund der Nachhaltigkeitsdiskussion ergeben sich auch hier für die Geowissenschaften künftig verstärkt folgende Zielrichtungen im wissenschaftlichen Problemlösungsverständnis:

- Die stärkere Einbeziehung der Geistes- und Sozialwissenschaften, um aktuelle Fragestellungen in einem echten disziplinübergreifenden Ansatz lösen zu können.
- Die verstärkte Vermittlung von Fachwissen an die breite Öffentlichkeit, da umweltgeowissenschaftliches Problembewußtsein auch vor dem Hintergrund eigener Wahrnehmung und Bewertung entwickelt werden kann.

Vor diesem Hintergrund wurde die Gesellschaft für UmweltGeowissenschaften (GUG) in der Deutschen Geologischen Gesellschaft gegründet. Als Diskussionsforum für die genannten Zielsetzungen gibt die GUG seit einer Reihe von Jahren die Schriftenreihe „Geowissenschaften + Umwelt" heraus. Dieses Forum wird von der Gesellschaft selbst zur Aufarbeitung eigens durchgeführter Fachveranstaltungen bzw. zur Herausgabe eigener Ausarbeitungen in Arbeitskreisen genutzt.

Darüber hinaus ist die Reihe offen für Arbeiten, die sich den Leitgedanken der Umweltgeowissenschaften verbunden fühlen. Unter der Herausgeberschaft der GUG und den jeweiligen Verantwortlichen des Einzelbandes können nach einer fachlichen Begutachtung in sich geschlossene umweltrelevante Fragestellungen als Reihenband veröffentlicht werden. Dabei sollten eine möglichst umfassende Darstellung von Umweltfragestellungen und die Darbietung von Lösungsmöglichkeiten durch umweltwissenschaftlich arbeitende Fachgebiete im Vordergrund stehen. Ziel ist es, möglichst viele umweltrelevant arbeitende Fachdisziplinen in diese Diskussion einzubinden.

Wir freuen uns über die gute Akzeptanz dieser Schriftenreihe und wünschen Ihnen viele gute Anregungen und hilfreiche Informationen aus diesem Band sowie den bisherigen und den folgenden Bänden.

Prof. Dr. Joachim W. Härtling   Prof. Dr. Peter Wycisk
(1. Vorsitzender der GUG)   *(2. Vorsitzender der GUG)*

Bodenmanagement

Vorwort

Das **Medium Boden** zählt zu den wichtigsten Lebensgrundlagen des Menschen. Der Bode ist nicht nur als Produktionsstandort (Nutzungsfunktion) von großer Bedeutung, sondern erfüllt auch mit seinen Informations-, Regelungs-, Kultur- und Lebensraumfunktionen essentielle Aufgaben für den Menschen. Darüber hinaus gesitzen Böden eine globale Bedeutung für alle Lebewesen. Böden beherbergen einen wichtigen Genpool und bereichern die biologische Vielfalt. Sie beeinflussen den Strahlungs-, Wärme- und Feuchtigkeitsaustausch zwischen Lithosphäre und Atmosphäre und bilden Quellen, Speicher, Puffer, Filter und Transformatoren für Nährstoffe, Schadstoffe oder wichtige (Spuren-)Gase wie Methan und Kohlendioxid.

Gleichzeitig ist das Medium Boden vielseitigen Nutzungsansprüchen unterworfen, die eine erhebliche Belastung bewirken. So verlieren allein in Deutschland täglich 120 ha Boden durch Überbauung bzw. Versiegelung ihre wichtigsten Funktionen. Gleichzeitig werden Böden einem flächenhaften anthropogenen Stoffeintrag ausgesetzt, der direkt oder über die Pflanze in den Boden gelangt. Auch die zunehmende Nutzungsintensivierung in der Landwirtschaft hat zur physikalischen und chemischen Degradation vieler Böden beigetragen. Durch Unfälle bzw. Altlasten werden toxische Substanzen in den Boden eingebracht, die zum völligen Verlust von Bodenfunktionen führen können. Schließlich führt die durch den Menschen verursachte bzw. verstärkte Erosion durch Wind und Wasser dazu, dass mittlerweile ein Drittel des nutzbaren Bodens in Europa von Bodenabtrag bedroht ist.

Bodenschutz ist dazu da, Böden vor der weiteren Degradation zu schützen. Dabei stehen drei Handlungsfelder im Vordergrund:

- Der Schutz vor exzessivem Verbrauch.
- Der Schutz vor Stoffeinträgen.
- Die Sanierung bereits erheblich belasteter Böden.

Aufgabe des vorsorgenden Bodenschutzes ist es, Maßnahmen zur nachhaltigen Nutzung von Böden vorzuschlagen bzw. durchzuführen. Nachhaltiger Umgang mit Böden bedeutet im Sinne des Vorschlags zu einer Bodenkonvention „die Nutzung und den Umgang mit Böden in einer Art und Weise, die die Balance zwischen den Prozessen der Bodenbildung und der Bodendegradation sowie das Potential der Bodenfunktionen erhält" (Artikel 1, Abs. 10 des Vorschlags zu einer Bodenkonvention, s. Anhang, S. 181).

Beim nachsorgenden Bodenschutz werden bereits erheblich belastete Böden saniert.

In vielen Fällen wird **Bodenmanagement** mit Bodenschutz gleichgesetzt. Nach dem system-evolutionären Theorieansatz ist Management aber die Lenkung und Gestaltung ganzer Systeme und nicht nur der Schutz vor bestimmten Beanspruchungen. Ziel ist dabei die Optimierung bzw. Maximierung der Funktions- bzw. Lebensfähigkeit eines Gesamtsystems. Bodenmanagement beschäftigt sich daher nicht nur mit dem Kompartiment Boden im naturwissenschaftlichen Sinne, sondern beinhaltet auch die sozialen, wirtschaftlichen und rechtlichen Aspekte. Bodenmanagement ist somit die Gestaltung und Lenkung des Systems Boden mit seinen ökologischen, ökonomischen, sozialen und rechtlichen Aspekten. Ziel des Bodenmanagements ist die Erhaltung bzw. Optimierung des Systems Boden. Zum Bodenmanagement gehört also auch die ökologische und ökonomische Erfassung, Darstellung und Bewertung belasteter und unbelasteter Böden.

Der vorliegende Band beschäftigt sich mit zentralen Bereichen des Bodenmanagement. Dabei werden in den ersten vier Beiträgen einige allgemeine Grundlagen und Probleme im Bodenmanagement erörtert.

Im ersten Beitrag erläutert **Wilhelm König** die Vorgaben des Bundes-Bodenschutzgesetzes (BBodSchG) sowie der Bundes-Bodenschutz- und Altlastenverordnung (BBodSchV) für das Management von Böden, die die bisher bestehende Lücke im Umweltrecht schließen sollen. Seine kritische Bewertung zeigt auch die Schwächen des neuen Bodenschutzrechts in Bezug auf die fehlende Harmonisierung mit anderen gesetzlichen Regelungen und die weitgehenden Auslegungsmöglichkeiten bei der Gefahrenabwehr und bei der Vorsorge vor Kontamination.

Dieser Punkt wird auch bei **Sylvia Lazar** wieder aufgegriffen, die auf der Grundlage der allgemeinen Konfliktforschung Handlungsempfehlungen zur Konfliktregelung und Entscheidungsfindung im Bereich Boden entwickelt. Da gerade bei bewohnten Altlasten grundlegende Konlfikte auftreten können, erläutert sie in diesem Bereich die Unterschiede zwischen verfahrensbedingten Konflikten und solchen, die aufgrund nicht akzeptierter Rahmenbedingungen (wie z.B. der Auslegung der gesetzlichen Vorgaben) entstanden sind. Sie verweist darauf, dass mit Hilfe von Partizipationsmodellen und der Einbeziehung aller planungsbetroffenen Akteure die handlungsbegrenzenden Rahmenbedingungen interpretiert und die Entscheidungsspielräume gemeinsam ausgefüllt werden können.

Ohne Geographische Informationssysteme und Methodenmanagementsysteme ist heute ein effektives Bodenmanagement nicht mehr vorstellbar. **Hans Heineke, Hans-Ulrich Bartsch, Jan Sbresny und Udo Müller** stellen mit dem Niedersächsischen Bodeninformationssystem NIBIS ein solches Methodenmanagementsystem vor. Am Beispiel der Bereitstellung von Bodeninformationen für Fachplanungen zeigen sie, dass Bodeninformationen auf drei Planungsebenen nachgefragt werden, die den jeweiligen Planungsverfahren zugeordnet werden können. **Stefanie Kübler** stellt in ihrem Beitrag Hyperkarten vor, die zur Unterstützung von Bodenbewertungen im Rahmen des Bundes-Bodenschutzgesetzes und von Umweltverträglichkeitsprüfungen eingesetzt werden (GeoHyp).

Es folgen zwei spezielle Untersuchungen zu anthropogenen Bodenbeeinträchtigungen, die im Rahmen der Gefahrenabwehr eine besondere Beachtung verdienen.

Manfred Frühauf weist in seinem Beitrag zum historisch-subrezenten Erzbergbau im Mansfelder Land auf das Problem der genauen Analyse von Belastungstransfers von Kontaminanten hin. Die Schwermetallbelastungen in den Böden des Mansfelder Landes stammen hauptsächlich von Emissionen aus den Schmelzhütten und aus den Halden, die Bedeutung des Kupferausstrichs als Belastungsursache kann weitgehend vernachlässigt werden.

Carsten Lorz untersucht den Zusammenhang zwischen den pH-Werten in den Oberflächengewässern der oberen Pyra im Westerzgebirge und den Reaktionen in den Böden.

Im letzten Beitrag gehen **Thomas Kaltschmidt und Jürgen Schmidt** auf analytische Probleme bei der Beurteilung von Schwermetallgehalten in Böden ein. Sie untersuchten verschiedene Testverfahren zur Beurteilung der Schwermetallbelastung im Sickerwasser.

Ein ganz herzlicher Dank gilt den Gutachtern der vorliegenden Beiträge, D. von Borries, C. Helling, H. Höper, J. Matschullat, B. Neuer, J. Niemeyer, P. Reuber, H. Ruppert, N. Will und M. Zierdt.

Wir hoffen, dass dieser Band unseren Lesern einige zentrale Bereiche des Bodenmanagements näher bringt und wünschen gute Unterhaltung beim Lesen.

Göttingen/Osnabrück, im Juli 2001

Bernd Cyffka   Joachim W. Härtling

Inhaltsverzeichnis

Anhang

Die Autoren

Hans-Ulrich Bartsch

ist Diplom-Geograph mit den Ausbildungsschwerpunkten Physische Geographie und Informatik. Er beschäftigt sich seit 10 Jahren mit der Entwicklung von intelligenten Systemen in den Geowissenschaften. Die Konzeption der Methodenbank des NIBIS basiert im wesentlichen auf seinen Srbeiten. Er hat die Ergebnisse einer Arbeitsgruppe der Umweltministerkonferenz zur Entwicklung von Methodenbanken wesentlich beeinflußt. Seit vielen Jahren leitet er die Software-Entwicklung des NIBIS FIS-Boden im Niedersächsischen Landesamt für Bodenforschung.

Hans-Ulrich Bartsch, Niedersächsisches Landesamt für Bodenforschung, Stilleweg 2, D-30655 Hannover

hu.bartsch@bgr.de

Bernd Cyffka

ist promovierter Diplom-Geograph und z.Z. als Hochschuldozent an der Universität Göttingen tätig. Seine jüngsten Forschungsarbeiten befassen sich mit dem dauerhaft-umweltgerechten Landnutzungswandel in subpolaren Ökosystemen unter überwiegend landschaftsökologischen Gesichtspunkten. Unter ähnlicher Thematik ist ein Forschungsschwerpunkt im Mediterranraum im Aufbau.

Mit kurzer Unterbrechung war er seit der Gründung der GUG im Vorstand (1994-1998) bzw. seit 2000 im Beirat der GUG aktiv.

Priv.-Doz. Dr. Bernd Cyffka, Geographisches Institut, Universität Göttingen, Goldschmidtstraße 5, D-3077 Göttingen

bcyffka@gwdg.de

Prof. Dr. Manfred Frühauf, MLU Halle, Institut für Geographie, Domstr. 5, D-06108 Halle/Salle

fruehauf@geographie.uni-halle.de

Dr. Hans J. Heineke, Niedersächsisches Landesamt für Bodenforschung, Stilleweg 2, D-30655 Hannover

j.heineke@bgr.de

Prof. Dr. Joachim W. Härtling, Universität Osnabrück, Kultur- und Geowissenschaften, Fachrichtung Geographie, Seminarstraße 20, D-49069 Osnabrück

jhaertli@uos.de

Manfred Frühauf

vertritt seit 1993 die Fachrichtung Geoökologie am Institut für Geographie der Martin-Luther-Universität Halle-Wittenberg. Forschungsschwerpunkte sind Wasser- und Stoffhaushaltsprobleme in Agrar- und Bergbaugebieten sowie Stadtökologie. Regional konzentrieren sich die Arbeiten im Süden der neuen Bundesländer.

Hans J. Heineke

– Leiter des Referats „Fachinformationssystem Boden" im NLfB – ist Diplom-Geograph mit den Ausbildungsschwerpunkten Landschaftsökologie/Systemanalyse und Modelltheorie. Er beschäftigt sich seit langem mit dem Aufbau von Informationssystemen in den Geowissenschaften. Er ist Mitglied in Arbeitsgruppen des Landes Niedersachsen sowie der Umweltministerkonferenz Deutschlands, die den Aufbau von Bodeninformationssystemen koordinieren.

Joachim W. Härtling

ist Master of Science (Physical Geography, Kingston, Kanada) und promovierter Geograph. Seit Februar 2001 hat er den Lehrstuhl für Physische Geographie an der Universität Osnabrück inne. Seine Forschungsschwerpunkte liegen im Übergangsbereich Wasser – Boden – Sedimente in ihrer Verknüpfung mit Umweltschutz und Umweltplanung. Seine jüngsten Forschungsarbeiten beschäftigen sich mit natürlichen und anthropogenen Umweltveränderungen in Vergangenheit und Gegenwart, der Regionalisierung von geoökologischen Daten und der Entwicklung und Umsetzung von Bewertungsverfahren, Zielsystemen und Leitbildern in der ökologischen Planung.

Seit 1994 ist er im Vorstand der GUG, und zwar von 1994 bis 1998 als stellvertretender Vorsitzender und seit 1998 als Vorsitzender.

Thomas Kaltschmidt

studierte Mineralogie an der TU Bergakademie Freiberg. Von 1996 bis 1998 war er wissenschaftlicher Mitarbeiter im dortigen Fachgebiet „Boden- und Gewässerschutz", von 1999 bis 2000 war er Mitarbeiter des Mineralogischen Instituts der TU Bergakademie Freiberg und für den weiteren Aufbau und die Verwaltung der Lithothek der Fakultät mitverantwortlich. Seit 2000 ist er Doktorand im Fachgebiet „Boden- und Gewässerschutz".

Thomas Kaltschmidt, Fachgebiet Boden- und Gewässerschutz, Agricolastr. 21, D-09599 Freiberg

kaltschm@ioez.tu-freiberg.de

Wilhelm König

studierte Landespflege an der Gesamthochschule Essen und an der TU Hannover. Seit der Promotion an der Universität Gießen ist er als Referatsleiter „Bodenschutz" im Ministerium für Umwelt- und Naturschutz, Landwirtschaft und Verbraucherschutz in Nordrhein-Westfalen tätig. Er ist ferner Vorsitzender der Fachgruppe „Bodenfunktionen und -belastungen" im Bundesverband Boden.

Dr. Wilhelm König, Ministerium für Umwelt und Naturschutz, Landwirtschaft und Verbraucherschutz NRW, D-40190 Düsseldorf

Stefanie Kübler

promovierte in der Fachrichtung Geoinformatik der Freien Universität Berlin mit dem Thema „GeoHyp: Geologische und bodenkundliche Hyperkarten". Inhalt dieser Arbeit ist die Konzeption und Umsetzung von Strategien und Werkzeugen für die effektive Nutzung digitaler geologischer und bodenkundlicher Karten. Seit 2000 ist sie bei der WASY GMBH als wissenschaftliche Mitarbeiterin für Geoinformationssysteme und Geologie beschäftigt.

Dr. Stefanie Kübler, Manteuffelstraße 103, D-10997 Berlin

s.kuebler@wasy.de

✉ Dr. Silvia Lazar, Vauban-Allee 2, D-79100 Freiburg
🖱 s.lazar@ahu.de

Silvia Lazar

studierte zwischen 1991 und 1997 Geographie und Politikwissenschaft an der Albert-Ludwigs-Universität in Freiburg. Anschließend promovierte sie am Institut für Kulturgeographie in Freiberg zum Thema „bewohnte Altlasten als interdisziplinäres Problemfeld". Seit Februar 2001 ist sie als Projektbearbeiterin bei der ahu AG in Aachen zuständig für den Bereich Bodenschutz.

✉ Dr. Carsten Lorz, Universität Leipzig, Institut für Geographie, Johannisallee 19a, D-04103 Leipzig
🖱 lorz@rz.uni-leipzig.de

Carsten Lorz

ist seit 1999 wissenschaftlicher Assistent am Institut für Geographie der Universität Leipzig, Abteilung Physiogeographie und Geoökologie. Schwerpunkte seiner Arbeiten sind die Themen Bodengenetik, Bodenschutz und Einzugsgebiete.

Die Promotion erfolgte mit dem Thema „Gewässerversauerung und Bodenzustand im Westerzgebirge". Zukünftige Schwerpunkte werden die Modellierung von Gewässerversauerung und bodengenetische Fragestellungen sein.

✉ Dr. Udo Müller, Niedersächsisches Landesamt für Bodenforschung, Stilleweg 2, D-30655 Hannover
🖱 u.mueller@bgr..de

Udo Müller

studierte Bodenkunde und ist wissenschaftlicher Oberrat im Niedersächsischen Landesamt für Bodenforschung. Er leitet das Referat „Bodenkundliche Beratung" der Abteilung Bodenkunde und ist mit der Bereitstellung bodenkundlicher Daten für nutzerspezifische Anfragen sowie Beratungen zu bodenkundlichen Fragestellungen in Niedersachsen befaßt.

✉ Dr. Jan Sbresny, Niedersächsisches Landesamt für Bodenforschung, Stilleweg 2, D-30655 Hannover
🖱 jan.sbresny@bgr..de

Jan Sbresny

studierte Mathematik und leitet den Sachbereich Datenbanken und GIS im Niedersächsischen Landesamt für Bodenforschung. Er ist Datenbankadministrator für das NIBIS FIS-Boden. Ferner ist er Spezialist auf dem Gebiet der Qualitätssicherung. Er koordiniert die GIS-Aktivitäten der Abteilung Bodenkunde und leitet z.Z. den Aufbau der Labordatenbank des Fachbereichs.

Jürgen Schmidt

studierte Geographie, Bodenkunde und Botanik in Hannover. Seine Forschungen umfassen den Wasserhaushalt, den Feststofftransport und die Erosion auf landwirtschaftlichen Nutzflächen. Seit 1995 ist er Professor für Boden- und Gewässerschutz an der TU Bergakademie Freiberg. Ferner leitet er das Referat „Bodenschutz" im Sächsischen Landesamt für Umwelt und Geologie.

Prof. Dr. Jürgen Schmidt, TU Bergakademie Freiberg, Boden- und Gewässerschutz, Agricolastr. 21, D-09599 Freiberg

j.schmidt@ mailtuba.tu-freiberg.de

Peter Wycisk

ist Diplom-Geologe. Seit 1995 vertritt er die Fachrichtung Umweltgeologie an der Martin-Luther-Universität Halle-Wittenberg. Seit 1996 ist er Direktor des Universitätszentrums für Umweltwissenschaften (UZU) an der Martin-Luther-Universität Halle-Wittenberg.

Seine Forschungsschwerpunkte umfassen Bewertungskonzepte zu Umweltfolgewirkungen der Bereiche Boden und Grundwasser sowie Umwelt- und Raumverträglichkeitsuntersuchungen zu georelevanten Vorhaben.

Prof. Dr. Peter Wycisk, Fachgebiet Umweltgeologie, Institut für Geologische Wissenschaften, Martin-Luther-Universität Halle-Wittenberg, Domstraße 5, D-06108 Halle (Saale)

wycisk@geologie. uni-halle.de

GUG-Schriftenreihe „Geowissenschaften + Umwelt"

Mit der Schriftenreihe „Geowissenschaften + Umwelt" schafft die GUG ein Diskussionsforum für Umweltfragestellungen mit geowissenschaftlichem Bezug, um zukunftsfähige Lösungen für bestehende und zukünftige Umweltprobleme aufzuzeigen.

Bisher erschienen:

Umweltqualitätsziele. Schritte zur Umsetzung.
Bandherausgeberin: GUG. Schriftleitung: Monika Huch und Heide Geldmacher. 161 S., 19 Abb., broschiert. 1997. ISBN 3-540-61212-2
Die Definition von Umweltqualitätszielen und ihre Umsetzung in die Praxis steht im Vordergrund dieses Bandes. Zunächst wird der logische Aufbau von Umweltzielsystemen sowie die Rolle von Dauerhaftigkeitsindikatoren diskutiert. Weitere Beiträge stellen bisherige Vorgehensweisen in der umwelt-geowissenschaftlichen Praxis vor.

GIS in Geowissenschaften und Umwelt
Bandherausgeberin: Kristine Asch.
173 S., 69 Abb., davon 41 in Farbe, 11 Tab., broschiert. 1999. ISBN 3-540-61211-4
Das große Spektrum möglicher GIS-Anwendungen in sehr unterschiedlichen Disziplinen und zu verschiedensten geowissenschaftlichen, umweltbezogenen Fragestellungen wird vorgestellt. Im Vordergrund steht nicht die Software, sondern die konkrete arbeitstägliche Anwendung in der Planung und in der geowissenschaftlichen Praxis.

Ressourcen-Umwelt-Management. Wasser. Boden. Sedimente.
Bandherausgeberin: GUG. Schriftleitung: Monika Huch und Heide Geldmacher.
243 S., 64 Abb., 34 Tab., broschiert. 1999. ISBN 3-540-64523-3
In je vier Beiträgen geht es um Wassermanagement, die Belastung sowie die Verwertung
von Boden und Flußsedimenten. Breiten Raum nimmt der Umgang von Baggergut in
Deutschland sowie dessen Nutzung ein.

Rekultivierung in Bergbaufolgelandschaften.
Bodenorganismen, bodenökologische Prozesse und Standortentwicklung
Bandherausgeber/innen: Gabriele Broll, Wolfram Dunger, Beate Keplin, Werner Topp.
306 S., 75 Abb., 4 Tafeln, davon 2 in Farbe, 71 Tab., broschiert. 2000.
ISBN 3-540-65727-4
Der aktuelle Stand langjähriger Rekultivierungspraxis und die Ergebnisse zu mikrobio-
logischen, zoologischen, pflanzenökologischen und geowissenschaftlichen Forschungen, die auch auf andere Anwendungsbereiche übertragbar sind, wird ausführlich und
mit gutem Bildmaterial dokumentiert.

Bergbau und Umwelt. Langfristige geochemische Einflüsse.
Bandherausgeber: Thomas Wippermann.
238 S., 87 Abb., davon 2 in Farbe, 40 Tab., broschiert. 2000. ISBN 3-540-66341-X
Langfristige geochemische Reaktionen spielen im humiden mitteleuropäischen Klima
als Spätfolge von Bergbau vor allem aufgrund der durch Pyritverwitterung beeinflußten
Versauerung eine große Rolle.

Umwelt-Geochemie in Wasser, Boden und Luft.
Geogener Hintergrund und anthropogene Einflüsse
Bandherausgeberin: GUG. Schriftleitung: Monika Huch und Heide Geldmacher.
234 S., 68 Abb., 23 Tab., broschiert. 2000. ISBN 3-540-67440-2
Die Beiträge dieses Bandes decken ein weites Spektrum geochemischer Prozesse ab,
die in der Luft, in Gewässern, in Böden und Sedimenten relevant sind und sich z.T. ge-
genseitig bedingen.

Im Einklang mit der Erde. Geowissenschaften für die Gesellschaft
Bandherausgeber: Monika Huch, Jörg Matschullat und Peter Wycisk
228 S., 62 Abb., 16 Tab. broschiert, ISBN 3-540-42227-7
Ausgehend von Überlegungen, wohin sich die zukünftige Umweltforschung orientieren
wird, geben die Beiträge des Bandes aktuelle Einschätzungen über den momentanen
Stand ausgewählter Forschungsrichtungen im geowissenschaftlichen Umweltbereich.

In Vorbereitung:

Umwelt. Zeichen. Fläche. Raum.
Bandherausgeber: Susanna Hauser und Dieter D. Genske
ca. 200 S., 60 Abb., 10 Tab., brosch., vorauss. 2002
Neben technischen und ökologischen Aspekten von gebrauchten Flächen werden auch die sinnlichen und ästhetischen Aspekte angesprochen. Dieser interdisziplinäre Ansatz führt zu einer neuen Sichtweise unserer „Um-Welt".

Umweltziele und Umweltindikatoren.
I. Wissenschaftliche Anforderungen an die Festlegung.
Bandherausgeber: Hubert Wiggering und Felix Müller
ca. 200 S., 50 Abb., 10 Tab., broschiert, vorauss. 2002
Politik-, Natur- und Wirtschaftswissenschaftler stellen die *Theorie* der Herleitung von Umweltindikatoren dar, die zukünftig für umweltrelevante Aktivitäten im EU-Raum verbindlich sein werden.

Umweltziele und Umweltindikatoren.
II. Fallstudien und Anwendung.
Bandherausgeber: Hubert Wiggering und Felix Müller
ca. 200 S., 50 Abb., 10 Tab., broschiert, vorauss. 2003
Politik-, Natur- und Wirtschaftswissenschaftler stellen *Anwendungsmöglichkeiten* der Herleitung von Umweltindikatoren vor.

Bodenmanagement

Vorgaben des Bodenschutzrechts für das Management von Böden

Wilhelm König

Das im Jahre 1998 verabschiedete Bundes-Bodenschutzgesetz hat die bisher im Umweltrecht bestehende Rechtslücke für das Medium Boden geschlossen. Es unterscheidet in seiner Zweckbestimmung zwischen der in die Zukunft gerichteten Vorsorge gegen schädliche Einwirkungen auf den Boden bzw. auf die Bodenfunktionen, sowie der Gefahrenabwehr bei bereits bestehenden schädlichen Bodenveränderungen und Altlasten.

Das Gesetz enthält dazu Ermächtigungen zur Festlegung von Beurteilungswerten und Anordnungsbefugnisse für notwendige Untersuchungen und Maßnahmen. Im Vorsorgebereich haben allerdings zahlreiche andere bestehende Regelungen (z.B. des Düngemittel- oder Abfallrechts) Vorrang, ohne dass eine Harmonisierung der bodenbezogenen Anforderungen erreicht wurde. Auch die Vorsorge in der Landwirtschaft kann nur über die „Beratung zur guten fachlichen Praxis" umgesetzt werden.

1 Einführung

Mit der Schaffung spezialgesetzlicher Regelungen zum Bodenschutz ist in den letzten zwei Jahren die seit langem erkannte Rechtslücke für das Medium Boden geschlossen worden, nachdem der gesetzliche Schutz für die Umweltmedien Wasser und Luft bereits in den 50er bzw. 70er Jahren geschaffen wurde. Ausgehend von dem Anfang 1998 verabschiedeten Bundes-Bodenschutzgesetz (BBodSchG) (BGBI 1998), das mit seinen vollzugsrelevanten Regelungen am 1. März 1999 in Kraft getreten ist, hat sich inzwischen das Bodenschutzrecht zu einem hierarchischen System verschiedener aufeinander bezogener und abgestufter Regelungen entwickelt, die in vereinfachter Form der Abbildung 1 zu entnehmen sind (König und Fehlau 1998). Das Bundes-Bodenschutzgesetz enthält unmittelbar gegenüber Dritten und Behörden wirksame Regelungen, Verordnungsermächtigungen für den Bund sowie ausdrückliche oder offen gelassene Regelungsmöglichkeiten für die Länder.

Mit der Bundes-Bodenschutz- und Altlastenverordnung (BBodSchV) (BGBI 1999) werden die Ermächtigungen des BBodSchG in den §§ 5, 6, 8 und 13 ausgeschöpft. Der Verordnung sind durch Verweise verschiedene technische Regeln, DIN-Normen und die im Bundesanzeiger veröffentlichten Ableitungsmaßstäbe für die Bewertungskriterien (Bundesministerium für Umwelt, Naturschutz und Reaktorsicherheit 1999) zugeordnet. Die Länderregelungen untergliedern sich in die jeweiligen Ausführungs- und Ergänzungsgesetze, Verordnungen und Verwaltungsvorschriften.

Bundes-
Bodenschutzgesetz
(BBodSchG)

vgl. Abbildung 1

Bundes-Bodenschutz-
und Altlasten-
verordnung
(BBodSchV)

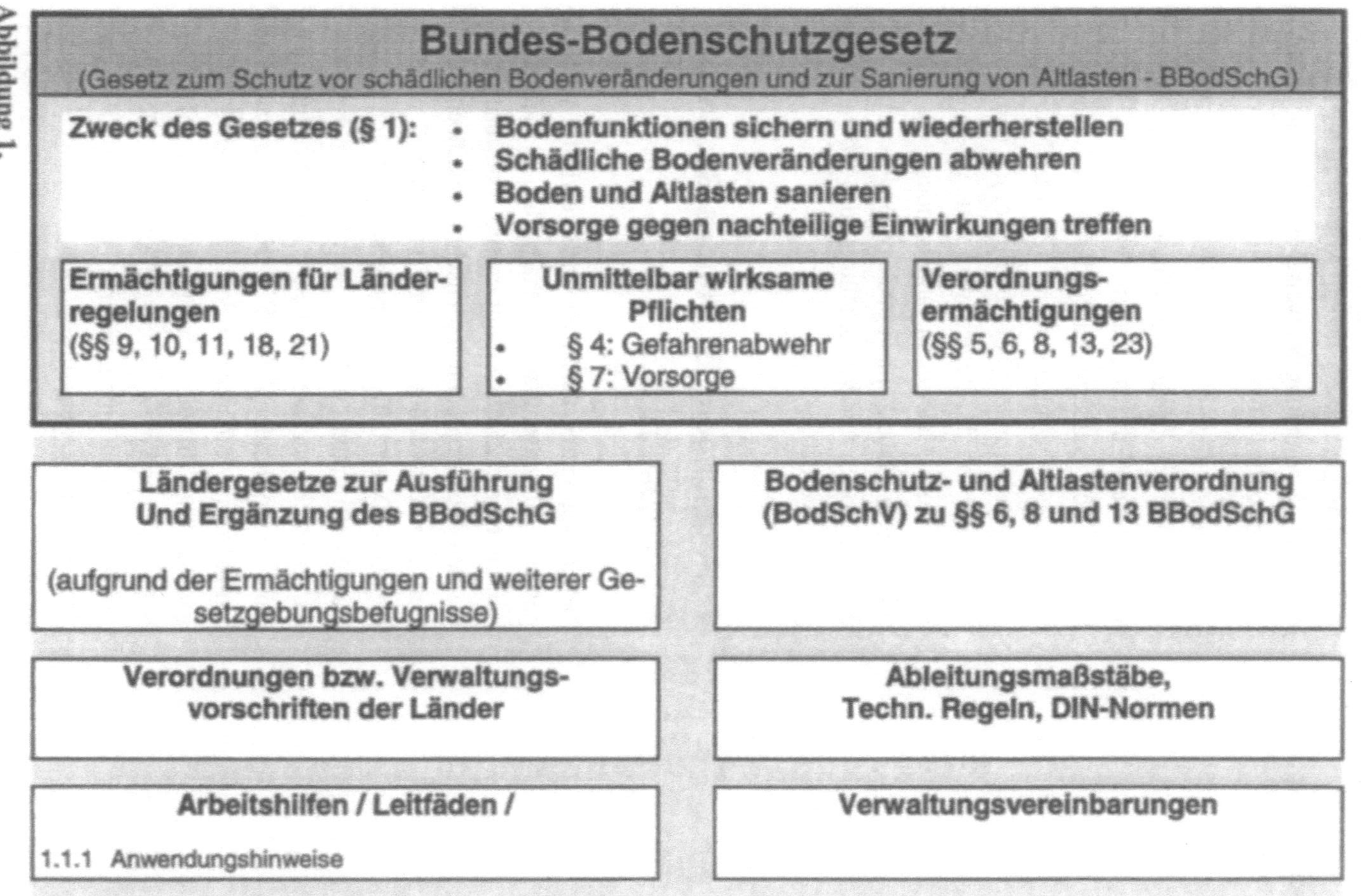

Abbildung 1.
Bundes-Bodenschutzgesetz

Verwaltungs-
vorschriften

Verschiedene Verwaltungsvereinbarungen müssen das Regelungswerk ergänzen. Arbeitshilfen, Leitfäden und Anwendungshinweise dienen der Erläuterung spezieller Vorschriften.

Damit liegen umfangreiche Regelungen zum Schutz des Bodens vor, die auf das Management von Böden weitreichende Einflüsse haben. Für belastete Flächen können sich Sanierungsanforderungen sowie Beschränkungen bestehender und geplanter Nutzungen ergeben. Insbesondere bei Rekultivierung und Landschaftsbau sind die Regelungen zum Auf- und Einbringen von Materialien anzuwenden. In eingeschränktem Maße können auch besonders schutzbedürftige Böden vor Versiegelung oder Übernutzung gesichert werden.

2   Regelungen des Bundes-Bodenschutzgesetzes

vgl. Abbildung 2

Neben begrenzten Ansätzen im Bereich des vorsorgenden Bodenschutzes enthält das Bundes-Bodenschutzgesetz schwerpunktmäßig Vorschriften über den nachsorgenden Bodenschutz und über Altlasten. Der Aufbau des Gesetzes ist in Abb. 2 wiedergegeben. Diese Differenzierung spiegelt sich in der Zweckbestimmung in § 1 wieder. Sie ist notwendig, da angesichts der rechtlichen Rahmenbedingungen eine Unterscheidung der Blickrichtungen auf den Umgang mit vorhandenen Schäden aus der Vergangenheit und auf die Vorbeugung vor zukünftigen Schäden geboten ist. Die ergänzenden Vorschriften für Altlasten in einem eigenen Gesetzesteil tragen den Besonderheiten dieser Fallgestaltungen Rechnung.

Gesetz zum Schutz des Bodens

– vom 17. März 1998, BGBl. I. 1998, S. 502-510 –

Artikel 1
Gesetz zum Schutz vor schädlichen Bodenveränderungen und zur Sanierung von Altlasten (Bundes-Bodenschutzgesetz - BBodSchG)

Erster Teil **Allgemeine Vorschriften**
(Zweck, Begriffsbest., Anwendungsbereich)

Zweiter Teil **Grundsätze und Pflichten**
(Gefahrenabwehr, Vorsorge, Rechtsverordn. und Anordnungen)

Dritter Teil **Ergänzende Vorschriften für Altlasten**
(Erfassung, Betroffeneninformation, Sanierungsplanung, Überwachung, erg. Anordnungen)

Vierter Teil **Landwirtschaftliche Bodennutzung**
(Gute fachliche Praxis)

Fünfter Teil **Schlußvorschriften**
(u. a. Sachverst., Datenübermittlung, Anhörung Landesrechtl. Regelungen, Kosten)

Artikel 2
Änderung des Kreislaufwirtschafts- und Abfallgesetzes

Artikel 3
Änderung des Bundes-Immissionsschutzgesetzes

Artikel 4
Inkrafttreten (→ 01. März 1999)

Abbildung 2.
Gliederung des Bundes-Bodenschutzgesetzes

<table>
<tr><td>Vorsorgender
Bodenschutz</td><td>Der Vorsorgebereich ist durch eine Vorrangstellung spezieller Rechtsbereiche bezüglich „Einwirkungen auf den Boden" in § 3 Abs. 1 sehr stark eingeschränkt worden. Hiernach haben z.B. Regelungen des Düngemittel-, Pflanzenschutz-, Abfall-, Planungs- und Baurechts Vorrang, soweit diese konkretisierende Regelungen enthalten, ohne dass die allgemein gewünschte Harmonisierung der Anforderungen an den Schutz des Bodens erreicht wird. Diese Voraussetzung „konkretisierter Regelungen" in einer Rechtsverordnung trifft etwa auf die Dünge-, Klärschlamm- und Bioabfall-Verordnung zu, sodass diese Anwendungsbereiche aus dem Geltungsbereich des Bodenschutzrechts ausgenommen sind.</td></tr>
</table>

Das Gesetz basiert auf der konkurrierenden Gesetzgebungskompetenz des Bundes für das Bodenrecht nach Artikel 74 des Grundgesetzes (Holzwarth, Radkte und Hilger; 1998). Zentrale Begriffe des Gesetzes, die in § 2 definiert werden, sind folgende:

<table>
<tr><td>Definitionen</td><td>

- **Boden** im Sinne dieses Gesetzes ist die obere Schicht der Erdkruste, soweit sie Träger der in Absatz 2 genannten Bodenfunktionen ist, einschließlich der flüssigen Bestandteile (Bodenlösung) und der gasförmigen Bestandteile (Bodenluft), ohne Grundwasser und Gewässerbetten.

- **Bodenfunktionen**, die zu „sichern und wiederherzustellen" sind. Dazu gehören natürliche Funktionen, wie die als Lebensraum oder Filter und Puffer für stoffliche Einträge sowie Nutzungsfunktionen, wie Standort für Land- und Forstwirtschaft oder für Siedlungsflächen.
</td></tr>
</table>

- **Schädliche Bodenveränderungen** sind in Analogie zur „schädlichen Umwelteinwirkung" nach Bundes-Immissionsschutzgesetz definiert als „Beeinträchtigungen der Bodenfunktionen, die geeignet sind, Gefahren, erhebliche Nachteile oder erhebliche Belästigungen für den Einzelnen oder die Allgemeinheit herbeizuführen". Der Begriff „Schädliche Bodenveränderung" ist umfassend und erstreckt sich sowohl auf die stoffliche Belastung von Böden, Bodenversiegelung, Bodenverdichtung und Bodenerosion.

- **Altlasten, Altablagerungen und Altstandorte,** deren Definition weitgehend mit den bisherigen Begriffsbestimmungen in den bestehenden landesgesetzlichen Regelungen übereinstimmt.

- **Verdachtsflächen** und **altlastverdächtige Flächen,** als Flächen, bei denen der Verdacht des Bestehens einer Gefahr i.S. des BBodSchG vorliegt.

§ 4 regelt die **Verhaltens- und Sanierungspflichten** zur Abwehr schädlicher Bodenveränderungen und Altlasten. Adressaten sind insbesondere mögliche Verursacher und die Grundstückseigentümer als sog. „Zustandsstörer". § 5 enthält in Verbindung mit einer danach noch zu erlassenden Rechtsverordnung Regelungen zur **Entsiegelung** von Böden. § 6 enthält die Ermächtigung für eine danach zu erlassenden Rechtsverordnung zur Konkretisierung von Anforderungen an das **Auf- und Einbringen von Material in oder auf den Boden.** § 7 dient dem künftigen Schutz des Bodens vor schädlichen Bodenveränderungen durch Auferlegung von **Vorsorgepflichten.** Für die **landwirtschaftliche und forstwirtschaftliche Bodennutzung** nimmt § 7 BBodSchG besondere Regelungen der Vorsorgepflichten (vgl. auch § 17 BBodSchG) vor.

Nachsorgender Bodenschutz

Eine zentrale Bedeutung hat § 8 mit einer umfassenden **Ermächtigungsgrundlage** für den Erlass der Bodenschutz- und Altlastenverordnung, die somit zur Grundlage des Vollzugs und der Anwendung des BBodSchG wird. In dieser Verordnung können Prüfwerte, Maßnahmenwerte und Vorsorgewerte festgesetzt werden, die entscheidend für das Vorliegen schädlicher Bodenveränderungen und Altlasten und die Erfüllung der Sanierungspflichten sowie die Besorgnis des Entstehens schädlicher Bodenveränderungen sind. Zusätzlich ermächtigt § 8 BBodSchG zur Festsetzung der Anforderungen an die Untersuchungen und die Bewertung von Untersuchungsergebnissen.

§§ 9 und 10 sind die zentralen Befugnisnormen für **Anordnungen** als Verwaltungsakte der zuständigen Behörden. § 10 Abs. 2 BBodSchG regelt eine **ausgleichspflichtige Inhaltsbestimmung der land- und forstwirtschaftlichen Bodennutzungsrechte**, die durch Beschränkungen der land- und forstwirtschaftlichen Bodennutzung verursacht werden.

Der **Dritte Teil** des Gesetzes **weist ergänzende Vorschriften für Altlasten** auf (§§ 11 bis 16 BBodSchG). Bedeutsam ist daraus vor allem § 13 mit den Vorgaben zur Sanierungsuntersuchung und Sanierungsplanung.

Der **Vierte Teil** besteht nur aus einem Paragraphen, nämlich § 17 über die **gute fachliche Praxis in der Landwirtschaft**. § 17 regelt in Verbindung mit § 7 die landwirtschaftliche Vorsorge, die durch Beratung der nach Landesrecht zuständigen landwirtschaftlichen Beratungsstellen vermittelt werden soll. Vorsorgeanforderungen können hingegen nicht über Anordnungen durchgesetzt werden.

Zu diesem Teil sind inzwischen ergänzende Beratungsgrundlagen geschaffen worden, die die relativ allgemein gehaltenen Grundsätze des Gesetzes konkretisieren (Bundesministerium für Ernährung, Landwirtschaft und Forsten; 1999 und KTBL-Arbeitsgruppe; 1998).

Die **Schlussvorschriften** (Fünfter Teil) enthalten u. a. Anforderungen an Sachverständige und Untersuchungsstellen, Ermächtigungen für landesrechtliche Regelungen sowie Vorgaben zu Kostentragung und Wertausgleich.

3 Vorgaben der Bundes-Bodenschutz- und Altlastenverordnung

Die am 17.07.1999 in Kraft getretene Bundes-Bodenschutz- und Altlastenverordnung (BBodSchV) hat eine relativ lange Vorgeschichte. Bereits parallel zum Gesetzgebungsverfahren des Gesetzes legte die Bundesregierung einen ersten Vorläuferentwurf vor, der sich dann über zahlreiche weitere Entwürfe bis zum Abstimmungsverfahren mit dem Bundesrat noch erheblich verändert hat. Die BBodSchV beendet insbesondere die bisherige „Listenvielfalt" für die wichtigsten bodenrelevanten Schadstoffe und unterscheidet klar zwischen der Gefahrenbeurteilung bestehender Bodenbelastungen bzw. Altlasten und der Vorsorge gegen das Entstehen zukünftiger schädlicher Bodenveränderungen. Inzwischen liegt auch eine erste umfassende Kommentierung der gesamten Verordnung einschließlich der Anhänge vor (Fehlau, Hilger und König; 2000). Die Struktur der BBodSchV zeigt Abb. 3.

Abbildung 3
siehe Seite 11

Neben den schwerpunktmäßigen Regelungen zu stofflichen Bodenbelastungen und Altlasten sind auch Anforderungen zum Erosionsschutz enthalten. Vorgaben zur Entsiegelung von Böden oder gegen Bodenverdichtungen fehlen hingegen.

In § 1 wird der Anwendungsbereich der Verordnung unter Bezug auf die zugrunde liegenden Ermächtigungen des BBodSchG beschrieben. § 2 der Verordnung enthält weitere Begriffsbestimmungen in Ergänzung zu den im Gesetz enthaltenen Definitionen, wie z. B. für „Bodenmaterial", „Schadstoffe", „Wirkungspfad", „Hintergrundgehalt" und „Durchwurzelbare Bodenschicht".

3.1 Gefahrenabwehr

3.1.1 Untersuchung

Nachsorgender Bodenschutz

Die Vorgaben für die Untersuchung von bestehenden schädlichen Bodenveränderungen und Altlasten in § 3 lehnen sich an bisherige Konzepte im Altlastenbereich an; sie werden in Anhang 1 weiter konkretisiert und durch Angabe einzelner Normen ergänzt. Die Absätze 1 und 2 konkretisieren den Begriff der „Anhaltspunkte" in § 9 Abs. 1 BBodSchG für die Fallgestaltungen der Altlasten und schädlichen Bodenveränderungen. Absatz 3 nimmt Bezug zu der nach Landesrecht durchzuführenden Erfassung von Verdachtsflächen und altlastverdächtigen Flächen und benennt als nächsten Schritt die „orientierende Untersuchung". In Absatz 4 wird der Begriff der „konkreten Anhaltspunkte" nach § 9 Abs. 2 BBodSchG erläutert. Ziel, Zweck und Notwendigkeit. der „Detailuntersuchung" sind in Absatz 5 dargestellt. Absatz 6 befasst sich mit Bodenluftuntersuchungen und möglichen Schadstoffanreicherungen in Innenräumen.

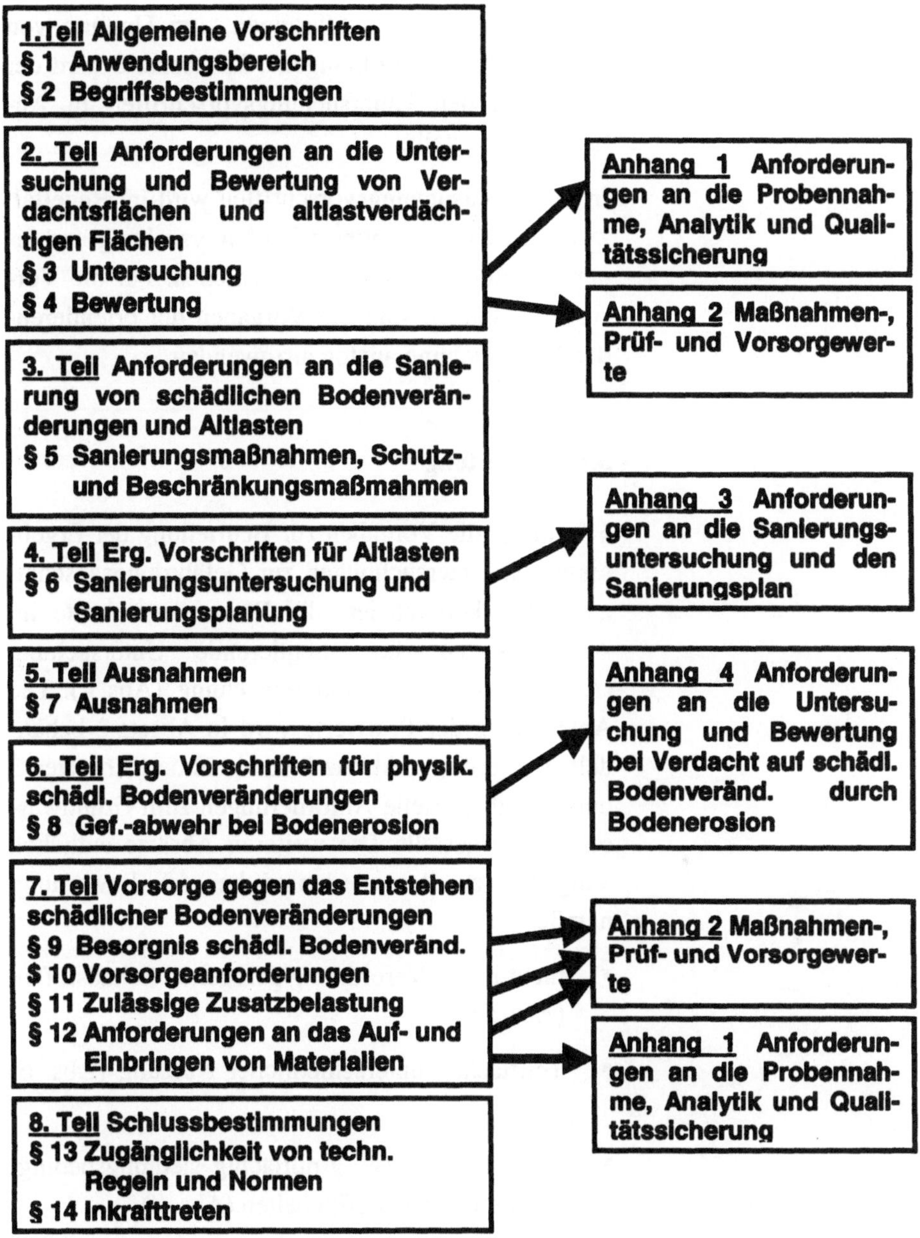

Abbildung 3.
Struktur der BBodSchV

Absatz 7 enthält Ausführungen zum Umfang von „Untersuchungsanordnungen". In Absatz 8 wird der Bezug zu den Untersuchungsvorschriften in Anhang 1 hergestellt.

In den Untersuchungsvorschriften wird im Regelfall zwischen einer orientierenden Untersuchung und einer Detailuntersuchung unterschieden. Für die Vorsorgeregelungen sind die Vorgaben der orientierenden Untersuchung analog anzuwenden.

3.1.2 Bewertung

§ 4 enthält die Vorgaben zur Beurteilung der Ergebnisse von Untersuchungen zur Gefährdungsabschätzung und konkretisiert die Bewertungsschritte im Anschluss an die orientierende Untersuchung (Abs. 1) und die Detailuntersuchung (Abs. 4). Die Anwendung der Prüfwerte wird in Absatz 2 behandelt. Weiterhin in Absatz 2 sowie in den Absätzen 3 und 7 sind spezielle Anforderungen zum Grundwasserpfad dargestellt. Die weiteren Absätze enthalten Vorgaben zu Besonderheiten bei der Bewertung, nämlich zu

- nicht in der Verordnung geregelten Schadstoffen (Abs. 5),

- Teilflächen unterschiedlicher Nutzung (Abs. 6) und

- naturbedingt bzw. großflächig siedlungsbedingt erhöhten Schadstoffgehalten (Abs. 8).

Die zur Gefahrenbeurteilung erforderlichen Bodenwerte im Anhang 2 enthalten die in Tabelle 1 dargestellten Differenzierungen in bezug auf Bodeneigenschaften, Wirkungspfade und Nutzungen. Deren Ab-
leitungsmethodik und die zugrunde liegenden toxi-
kologischen Bewertungsmaßstäbe sind ergänzend im
Bundesanzeiger veröffentlicht, so dass etwa die Ex-
positionsannahmen im Rahmen der weiteren Sach-
verhaltsermittlungen im Einzelfall nachvollzogen
werden können. Nach dieser Methodik können auch
Prüfwerte für zusätzliche nicht in der Verordnung
geregelte Stoffe abgeleitet werden.

Tabelle 1.
Werte-Systematik zur Gefahrenbeurteilung in Anhang 2 BBodSchV (Differenzierung nach Wirkungspfaden / Schutzgütern)

<table>
<tr><td>

1. <u>Direktpfad</u> → Auswirkungen auf die menschliche Gesundheit
- Differenzierung nach Bodennutzungen (Kinderspielflächen, Wohngebiete, Park- und Freizeitanlagen, Industrie- und Gewerbegrundstücke)
- Prüfwerte für 7 anorganische und 7 organische Stoffe (Gesamtgehalte)
- Ergänzender Prüfwert für Wohngartenszenario bei Cadmium
- Maßnahmenwert für PCDD/F (Gesamtgehalt)

</td></tr>
<tr><td>

2. <u>Pflanzenpfad</u> → Aufnahme in Nahrungs- und Futtermittel
- Differenzierung nach Bodennutzungen (Ackerbau/Nutzgarten, Grünland)
- Beurteilung im Hinblick auf Pflanzenqualität und Wachstumsbeeinträchtigungen
- Prüfwerte für 7 anorganische Stoffe (Gesamtgehalte / mobile Fraktion) und 1 organanischen Stoff (Gesamtgehalt)
- Maßnahmenwerte für 7 anorganische Stoffe (Gesamtgehalte / mobile Fraktion) und 1 organischen Stoffgruppe (Gesamtgehalt)

</td></tr>
<tr><td>

3. <u>Grundwasserpfad</u> → Austräge mit dem Sickerwasser
- ohne Nutzungsdifferenzierung
- Prüfwerte für 17 anorganische und 10 organische Stoffe/Stoffgruppen als Konzentrationswerte für das Sickerwasser, die Grundlage für eine Sickerwasserprognose sind

</td></tr>
</table>

3.1.3 Anwendung der Prüf- und Maßnahmenwerte in Bauleitplanung und Baugenehmigungsverfahren

Ergänzend stellt sich die Frage, inwieweit die auf den Zweck der Gefahrenbeurteilung vorhandener Bodenverunreinigungen und Altlasten ausgerichteten Prüf- und Maßnahmenwerte auch im Bereich der Bauleitplanung und in Baugenehmigungsverfahren anwendbar sind. In diesen Anwendungsbereichen existieren bisher keine auf die Beurteilung bestehender Bodenbelastungen bezogenen speziellen Werte und auch im BBodSchG wird kein Bezug dazu hergestellt. In § 3 Abs. 2 BBodSchG sind die „Vorschriften des Bauplanungs- und Bauordnungsrechts" nur unter der Voraussetzung aus dem Anwendungsbereich ausgeschlossen, wenn sie „Einwirkungen auf den Boden ... regeln". Da dieses nicht der Fall ist, sind die Voraussetzungen für eine analoge Anwendung der Werte der BBodSchV abzuklären.

Im Bauleitplanverfahren gilt sowohl für Bebauungspläne als auch für sogenannte Vorhabens- und Erschließungspläne das bauplanungsrechtliche Abwägungsgebot. Die öffentlichen und privaten Belange sind gegeneinander und untereinander gerecht abzuwägen. Das bedeutet, dass bestimmte Belange stärker gewichtet werden können als andere. Das Planungsrecht verlangt aber, dass bei Neuplanungen „gesunde Wohn- und Arbeitsverhältnisse" gewahrt bleiben, so steht es in § 1 des Baugesetzbuches (BauGB). Dabei ist vom Vorsorgeprinzip und dem Grundsatz des vorsorgenden Umweltschutzes auszugehen. Vorhaben im unbeplanten Innenbereich, das sind im Zusammenhang bebaute Ortsteile ohne Bebauungsplan, müssen ebenfalls den Anforderungen an „gesunde Wohn- und Arbeitsverhältnisse" entsprechen (vgl. § 34 des Baugesetzbuches – BauGB).

Im Baugenehmigungsverfahren muss daher der Bauwillige, nicht die Behörde, durch Gutachten nachweisen, dass keine gesundheitsgefährdenden Bodenverunreinigungen vorhanden sind bzw. dass von den vorhandenen Bodenverunreinigungen keine Gefahren ausgehen.

Da die Vorsorgewerte der BBodSchV auf die Vermeidung des Entstehens schädlicher Bodenveränderungen durch zukünftige Stoffeinträge ausgerichtet sind, kommen diese für den Anwendungsbereich der Bauleitplanung und von Baugenehmigungsverfahren nicht in Betracht. Die Maßnahmenwerte andererseits zielen vorrangig auf Maßnahmen zur Gefahrenabwehr ab. Die Prüfwerte als „Gefahrenschwelle im ungünstigen Fall" werden hingegen dem Anspruch des Baugesetzbuches nach „gesunden Wohn- und Arbeitsverhältnissen" am ehesten gerecht. Sie können daher als Orientierungswerte im Abwägungsprozess herangezogen werden. Je nach Belastungssituation und zur Verfügung stehender Alternativflächen steht für die Abwägung im Einzelfall eine Spannweite von allgemein vorhandenen Hintergrundgehalten bis zur tatsächlichen Gefahrenschwelle zur Verfügung.

Prüfwerte der BBodSchV als Orientierungswerte in der Bauleitplanung

3.1.4 Sanierung

Die Konkretisierung von Sanierungsmaßnahmen, Schutz- und Beschränkungsmaßnahmen erfolgt in § 5 ausschließlich in verbaler Form, da sich quantifizierte Sanierungsziele nur im Einzelfall festlegen lassen. Als spezielle Vorschrift für Altlasten regelt § 6 die Sanierungsuntersuchung und -planung. Anhang 3 der BBodSchV enthält dazu generelle Anforderungen an eine Sanierungsuntersuchung und die Einzelheiten gehende Anforderungen an einen Sanierungsplan.

3.1.5 Sanierungsanforderungen zu nach Inkrafttreten des BBodschG entstandenen schädlichen Bodenveränderungen

Sanierungsan-
forderungen

In § 5 Abs. 2 BBodSchV werden die Anforderungen von § 4 Abs. 5 BBodSchG an die Beseitigung schädlicher Bodenveränderungen, die erst nach dem Inkrafttreten des BBodSchG am 1. März 1999 entstanden sind, konkretisiert. Zweck der im Gesetz verankerten Regelung war, in diesen Fällen weitergehende Anforderungen als die Gefahrenabwehr zu fordern, da hier die Rückwirkungsproblematik von früher entstandenen Schäden nicht gilt. Bei in der Verordnung enthaltenen weitergehenden Anforderungen sind solche an die Art der Sanierung und an das Sanierungsziel zu unterscheiden.

Beseitigungs-
pflicht auch bei
Vorbelastungen

Abs. 2 Satz 1 stellt in bezug auf die in § 4 Abs. 5 BBodSchG genannte **Beseitigungspflicht** für nach Inkrafttreten des BBodSchG am 1. März 1999 entstandene schädliche Bodenveränderungen klar, dass diese grundsätzlich auch bei Vorbelastungen des Bodens besteht. Auf die dabei erforderliche Berücksichtigung der Verhältnismäßigkeit wird bereits im Gesetz hingewiesen. Der hier angesprochene Fall gilt für Vorbelastungen oberhalb von Hintergrundwerten, aber noch unterhalb der Gefahrenschwelle und eine Zusatzbelastung nach Inkrafttreten des Gesetzes, die zu einer Überschreitung der Gefahrenschwelle führt. Aus dem Katalog der Sanierungs-, Schutz- und Beschränkungsmaßnahmen in § 2 Abs. 7 und 8 BBodSchG kommt in diesen Fällen zur Gefahrenabwehr lediglich eine Beseitigung der Schadstoffe durch Dekontamination oder eine Entnahme des kontaminierten Bodenmaterials in Betracht.

Satz 2 enthält Anforderungen zum Sanierungsziel und hebt dazu auf die „zuvor bestehende Nutzungsmöglichkeit des Grundstückes" ab. Die Pflicht zur Gefahrenabwehr ist damit auch hinsichtlich der nach der Sanierung verbleibenden Restbelastung weiterreichend als nach § 4 Abs. 4 BBodSchG für früher entstandene Belastungen, für die die planungsrechtlich zulässige Nutzung maßgeblich ist. Wenn also vor der nach Inkrafttreten des Gesetzes erfolgten Zusatzbelastung eine empfindlichere Nutzung des Grundstückes als die planungsrechtlich zulässige Nutzung möglich war, ist – unter Berücksichtigung der Verhältnismäßigkeit grundsätzlich diese Nutzungsmöglichkeit wiederherzustellen.

Sanierungsziel Restaurierung

3.1.6 Erosion

Die Gefahrenabwehr zu stofflichen Bodenbelastungen wird ergänzt durch eine Regelung zur Gefahrenabwehr von schädlichen Bodenveränderungen auf Grund von Bodenerosion durch Wasser (§ 8). Darin sind Anhaltspunkte für den Gefahrenverdacht, Vorgaben für Untersuchung und Bewertung sowie eine Aufzählung der zur Gefahrenabwehr in Betracht kommenden Maßnahmen enthalten. Die Erosionsregelungen werden in Anhang 4 weiter ausgeführt.

Bodenerosion durch Wasser

3.2 Vorsorgeregelungen

3.2.1 Regelungsgegenstand

Bereits durch die Überschrift des 7. Teils wird die Vorsorge auf die Verhinderung des *„Entstehens schädlicher Bodenveränderungen"* ausgerichtet.

Vorsorgender Bodenschutz

Damit wird also der **Vorgang** des **Entstehens** einer schädlichen Bodenveränderung behandelt, der sich klar von der Bewertung des **Zustandes** einer **bestehenden** schädlichen Bodenveränderung im Hinblick auf die Gefahrenabwehr unterscheidet. Die Maßnahmenkonzepte zur Vorsorge sind auf die Vermeidung bzw. Verminderung nachteiliger Einwirkungen auf den Boden ausgerichtet und unterscheiden sich damit ebenfalls eindeutig von der Gefahrenabwehr der von einem belasteten Boden auf Schutzgüter ausgehenden Wirkungen. Die Vorsorge beinhaltet daher nicht die Sanierung belasteter Böden auf ein niedrigeres Niveau.

Im Hinblick auf den Vollzug der Vorsorgeanforderungen sind zunächst die relativ weitreichenden **Restriktionen im Anwendungsbereich** der Vorsorgeregelungen des BBodSchG zu beachten:

- Nach § 7 Satz 4 BBodSchG dürfen „*Anordnungen ... nur getroffen werden, soweit Anforderungen in einer Rechtsverordnung nach § 8 Abs. 2 festgelegt sind*". Anders als bei der Gefahrenabwehr besteht damit eine Sperrwirkung für nicht in der Verordnung geregelte Vorsorgeanforderungen.

- Die Reichweite von Anordnungen ist begrenzt, „*soweit dies auch im Hinblick auf den Zweck der Nutzung des Grundstücks verhältnismäßig ist*" (§ 7 Satz 3 BBodSchG).

- Die „*Erfüllung der Vorsorgepflicht bei der landwirtschaftlichen Bodennutzung richtet sich nach § 17 Abs. 1 und 2*" BBodSchG (§ 7 Satz 5 BBodSchG).

- Die Vorsorge *„für die forstwirtschaftliche Bodennutzung richtet sich nach dem Zweiten Kapitel des Bundeswaldgesetzes und den Forst- und Waldgesetzen der Länder"* (§ 7 Satz 5 BBodSchG).

- Die *„Vorsorge für das Grundwasser richtet sich nach wasserrechtlichen Vorschriften"* (§ 7 Satz 6 BBodSchG).

Weitere Einschränkungen des Anwendungsbereiches ergeben sich aus § 3 Abs. 1 BBodSchG, mit dem z.B. Teile des Kreislaufwirtschafts- und Abfallrechts, das Düngemittel- und das Pflanzenschutzrecht von den Regelungen des BBodSchG ausgenommen sind, soweit diese Einwirkungen auf den Boden selbst regeln. Diese Voraussetzung trifft beispielsweise für die Klärschlammverordnung, die Bioabfallverordnung, die Dünge- und die Düngemittelverordnung sowie die Pflanzenschutzmittelanwendungsverordnung zu.

Den Regelungen im 7. Teil der BBodSchV kommt daher in den ausgenommenen Anwendungsbereichen zunächst nur eine **„ausstrahlende Wirkung"** zu, um dort Anforderungen an die Begrenzung schädlicher Stoffeinträge in den Boden einzubringen bzw. diese mit den Anforderungen der BBodSchV zu harmonisieren. Ein erstes Beispiel dafür sind bereits die Bodenwerte der Bioabfallverordnung, die schon aus dem Entwurf der BBodSchV übernommen wurden. Entsprechende Harmonisierungsbestrebungen zur Übernahme der Vorsorge-Bodenwerte bestehen bei den Bodenwerten der Klärschlammverordnung sowie den Bodenwerten im Anhang zur UVP-Verwaltungsvorschrift.

Auch die Werte für die zulässigen Zusatzbelastungen werden von Seiten des Bodenschutzes in die Diskussion um die Harmonisierung von Regelungen zur Begrenzung schädlicher Stoffeinträge in den Boden im Bereich des Immissionsschutzrechtes, des Kreislaufwirtschafts- und Abfallrechtes sowie des Düngemittelrechtes eingebracht.

Vorrangig **verbleibender Anwendungsbereich** für die Vorsorgeregelungen im Vollzug der BBodSchV selbst ist damit der § 12 mit den Anforderungen an das Auf- und Einbringen von Materialien auf oder in den Boden. Ergänzend ist die Relevanz für bisher nicht geregelte Anwendungsbereiche zur Begrenzung schädlicher Stoffeinträge in den Boden, wie z.B. bei Regenwasserversickerung oder Kleinkläranlagen, zu analysieren. § 9 definiert die Besorgnis des Entstehens einer schädlichen Bodenveränderung und stellt zum einen den Bezug zu den Vorsorgewerten in Anhang 2 Nr. 4 her und verweist zum anderen auf weitere relevante Schadstoffe. Vorsorgeanforderungen beschreibt § 10. Die Vorgaben bzgl. „zulässiger Zusatzbelastung" enthält § 11 in Verbindung mit Anhang 2 Nr. 5. Die Systematik der beiden Kategorien von Vorsorgewerten zeigt Tabelle 2.

Tabelle 2.
Werte-Systematik zur Vorsorge in Anhang 2 BBodSchV

4. <u>Vorsorge-Bodenwerte</u> (ohne Nutzungsdifferenzierung)
▪ 7 anorganische Stoffe (Gesamtgehalte, differenziert nach Bodenart / pH-Wert)
▪ 2 organische Stoffgruppen (Gesamtgehalte, differenziert nach Humusgehalt)
▪ Ausnahmeregelung für Böden mit naturbedingt und großflächig siedlungsbedingt erhöhten Gehalten
5. <u>Zulässige zusätzliche Frachten</u>
▪ Frachten für 7 Schwermetalle pro Fläche und Zeiteinheit (g/ha und Jahr)

3.2.2 Ausnahmeregelung zur Anwendung der Vorsorgewerte

Bei den Vorberatungen zur Festlegung von Vorsorgewerten in der Bodenschutzverordnung wurde deutlich, dass einerseits die Hintergrundgehalte an persistenten Schadstoffen in Böden innerhalb der Bundesrepublik Deutschland sehr stark schwanken und andererseits von einer sehr unterschiedlichen Bioverfügbarkeit auszugehen ist. Bei den Vorsorgewerten, die als Gesamtgehalte festgelegt wurden, erfolgte daher eine Differenzierung bei Schwermetallen nach Bodenarten und bei organischen Schadstoffen nach dem Humusgehalt, um damit sowohl die von diesen Parametern bestehenden Abhängigkeiten der Hintergrundgehalte als auch der Verfügbarkeit zu berücksichtigen. Erhebungen über Hintergrundgehalte zeigten aber darüber hinaus, dass zusätzlich erhebliche Besonderheiten in bezug auf erhöhte Schwermetallgehalte bei bestimmten Ausgangsgesteinen und bei großräumig siedlungsbedingt beeinflussten Gebieten bestehen. Daher wurde bereits im Bundes-Bodenschutzgesetz bei der Ermächtigung zur Festlegung von Boden-Vorsorgewerten die Ergänzung „unter Berücksichtigung von geogenen oder großflächig siedlungsbedingten Schadstoffgehalten" mit vorgesehen. Diese Vorgabe wurde dann in der BBodSchV zu den (Boden-)Vorsorgewerten wie folgt konkretisiert:

- § 8 Abs. 2 „Naturbedingt erhöhte Gehalte"

- § 8 Abs. 3 „Großflächig siedlungsbedingt erhöhte Gehalte"

Die Besorgnis des Entstehens schädlicher Bodenveränderungen bei Überschreitung der Vorsorgewerte besteht nur, *„wenn eine erhebliche Freisetzung von Schadstoffen oder zusätzliche Einträge ... nachteilige Auswirkungen auf die Bodenfunktionen erwarten lassen"*. Im einzelnen sind Ausnahmen möglich, wenn

- keine erhöhte Freisetzung (= geringe Mobilität) zu erwarten ist und

- keine zusätzlichen Einträge mit negativen Wirkungen auf Bodenfunktionen (durch die ... Verpflichteten) vorliegen.

Bei geogen bedingten Schwermetallanreicherungen sind Ausnahmen auch auf **Einzelflächen** – ohne Beschränkung auf großflächige Gebiete – möglich. Bei großflächig siedlungsbedingt erhöhten Gehalten sind Ausnahmen auf **„großflächige" Gebiete** zu beschränken. Der Begriff „großflächig" bedarf sowohl hinsichtlich der Mindestausdehnung des Gebietes als auch möglicher Streuungen der darin ermittelten Messwerte einer Konkretisierung. „Kleinräumig" siedlungsbedingt verursachte Schadstoffbelastungen (z.B. Straßenrandbereiche, Verwendung belasteter Baumaterialien oder Bodenverbesserungsmittel) fallen nicht unter diese Ausnahmeregelung.

3.2.3 Auf- und Einbringen von Materialien

Der insbesondere für den Vollzug relevante Schwerpunkt des Vorsorgeteils beinhaltet die Regelungen zum Auf- und Einbringen von Materialien in und auf Böden in § 12. Dieser regelt u. a.:

- Bodenmaterial und sonstige Materialien einschließlich Gemische

- durchwurzelbare Bodenschicht/Rekultivierungsschicht

- Sicherung/Wiederherstellung von mind. einer konkret benannten Bodenfunktion

- Besorgnis des Entstehens schädlicher Bodenveränderungen darf nicht gegeben sein (Vorsorgewerte; bei landwirtschaftlicher Folgenutzung: 70 %)

- Nährstoffzufuhr ist nach Menge und Verfügbarkeit dem Bedarf der Folgevegetation anzupassen (Verweis auf DIN 18919)

- gebietsbezogene Beschränkungen (besonders schutzwürdige Böden, Wasserschutzgebiete etc.)

- Vermeidung negativer bodenphysikalischer Wirkungen bei der Aufbringung

- Sonderregelungen für Gebiete mit erhöhten Schadstoffgehalten sowie Umlagerung im Bereich von schädlichen Bodenveränderungen/Altlasten und baulichen bzw. betrieblichen Anlagen

- notwendige Untersuchungen durch Pflichtigen

Zu dieser Vorschrift bestehen zahlreiche **Abgrenzungsfragen** sowie Konkretisierungsbedarf zu nicht ausreichend bestimmten Vorgaben. Bedeutsam ist zunächst die Definition und Abgrenzung der „durchwurzelbaren Bodenschicht". Hierzu muss eine Abgrenzung zu unterhalb dieser Schicht einzubringenden Füll- oder Schüttmaterialien gefunden werden, die abfall- bzw. wasserrechtlich zu beurteilen sind.

Die durchwurzelbare Bodenschicht soll der Bereich sein, in dem die Abbau- und Umsetzungsprozesse durch Bodenlebewesen stattfinden und aus dem die hauptsächliche Stoffaufnahme (vorrangig Nährstoffe, aber auch Schadstoffe) erfolgt. Vorliegende Erkenntnisse aus Nährstoffuntersuchungen und Bodenüberdeckungsversuchen belasteter Flächen (Delschen; 1996) haben gezeigt, dass die Stoffaufnahme vorrangig aus dem humosen Oberbodenhorizont und maximal aus dem obersten Meter erfolgt, auch wenn einzelne Wurzeln tiefer in den Boden eindringen. Daraus kann gefolgert werden, dass

- die durchwurzelbare Bodenschicht in der Regel 1 bis 2 m betragen soll,

- sie bei darunter liegenden Abdichtungs- oder Sicherungsschichten ggf. geringer sein kann und

- sie nur bei besonders tief wurzelnden Pflanzen (z.B. forstliche Rekultivierung) mächtiger sein muss.

Bezüglich der zu verwendenden **Abfälle** ist klarzustellen, dass § 12 Absatz 1 diese auf Klärschlamm und Bioabfälle eingrenzt und sie alle stofflichen Qualitätsanforderungen der entsprechenden Verordnungen einhalten müssen. Der Einsatz weiterer Materialien bedarf des Nachweises einer „nachhaltigen Sicherung oder Wiederherstellung" von Bodenfunktionen. Zur Begrenzung der **Nährstoffzufuhren** kann auf konkrete, nach Folgenutzungen differenzierte Mengenvorgaben in der Literatur Bezug genommen werden.

4 Ländergesetze

Aufgrund der weitgehenden Ausschöpfung der konkurrierenden Gesetzgebungskompetenz blieb den
Ländern nur ein relativ enger Rahmen für ihre Aus-
führungs- und Ergänzungsgesetze. Bestehende lan-
desgesetzliche Regelungen sind daran anzupassen.
Dieses gilt für die bodenschutzgesetzlichen Regelungen in Baden-Württemberg, Sachsen und Berlin
sowie die Altlastenregelungen, die in einigen Ländern in speziellen Altlastengesetzen, in den meisten
Ländern jedoch in den Landes-Abfallgesetzen enthalten waren oder noch sind. Landes-Ausführungs-
Gesetze aufgrund der Vorgaben des Bundes-Bodenschutzgesetzes liegen bereits seit 1999 in Bayern und
Niedersachsen vor.

Am 30. Mai 2000 ist nunmehr auch das nordrhein-
westfälische Ausführungs- und Ergänzungsgesetz in
Kraft getreten (GVBl; 2000). Der Aufbau ist in
Abb. 4 dargestellt. Insbesondere werden damit die
Bodenschutzbehörden eingerichtet und deren Aufgaben definiert. Entsprechend seinem Titel sind darin
auch über das BBodSchG hinaus gehende Regelungen aufgenommen worden, wie z.B. ergänzende
Vorsorgegrundsätze. Wichtige Bestimmungen zum
vorsorgenden Bodenschutz sind folgende:

- Anzeigepflicht beim Auf- und Einbringen von
  Materialien auf oder in Böden (§ 2 Abs. 2)

- Pflicht zur Beteiligung der Bodenschutzbehör-
  den durch andere Behörden zur Einbringung der
  Belange des Bodenschutzes in Planungs- und
  Genehmigungsverfahren (§ 4 Abs. 1)

- Prüfungspflicht zur Wiedernutzung von Brach-
  flächen (§ 4 Abs. 2)

Enger Rahmen für
die Ausführungs-
und Ergänzungs-
gesetze

vgl. Abbildung 4
auf Seite 26

- Verankerung von Bodenbelastungskarten (§ 5 Abs. 2) und des Bodeninformationssystems (§ 6)
- Ermächtigung zur Ausweisung von Bodenschutzgebieten (§ 12)

Gesetz zur Ausführung und Ergänzung des BBodSchG in NRW
– vom 13. April 2000 –

Artikel 1
Landesbodenschutzgesetz für das Land Nordrhein-Westfalen
(Landesbodenschutzgesetz - LBodSchG -)

Erster Teil **Grundsätze**
(Vorsorgegrundsätze)

Zweiter Teil **Bodenschutzrechtliche Pflichten**
(Mitteilungspflichten, Mitwirkungs- u.
Duldungspflichten.., Pflichten anderer Behörden..)

Dritter Teil **Boden- und Altlasteninformationen,**
Gebietsbezogener Bodenschutz
(u.a. : Erfassung.., Bodeninformationssystem,
Übermittlung der erfassten Daten.., Information..,
Bodenschutzgebiete)

Vierter Teil **Vollzug des Bodenschutzrechts**
(Bodenschutzbehörden, Sonstige Behörden,
Aufgaben.., Sachverständige und Unter-
suchungsstellen, Erg. Verwaltungsvorschriften)

Fünfter Teil **Schlußvorschriften**
(Ausgleich für Nutzungsbeschränkungen,
Ordnungswidrigkeiten)

Artikel 2-7
Änderung anderer Rechtsvorschriften

Artikel 8/9
In-Kraft-Treten/Bekanntmachung
(1 Tag nach Verkündung)

Abbildung 4.
Gliederung des Landesbodenschutzgesetzes Nordrhein-Westfalen

5 Ergänzende Landesregelungen

Unterhalb des Landes-Bodenschutzgesetzes werden in Nordrhein-Westfalen durch Verordnungen die behördlichen Zuständigkeiten sowie die Anforderungen an Sachverständige und Untersuchungsstellen geregelt. Ergänzende Verwaltungsvorschriften dienen der Konkretisierung der durch Gesetz und Verordnungen festgelegten Aufgaben und Anforderungen sowie der Beteiligung der zuständigen Stellen. Darüber hinaus werden von der Bund/Länder-Arbeitsgemeinschaft „Bodenschutz" und den Länder Vollzugshinweise und Arbeitshilfen erstellt.

6 Schlussbemerkung

Beim Management von Böden ist aus rechtssystematischen Gründen die Gefahrenabwehr bei bestehenden Bodenbelastungen und Altlasten von der Vorsorge gegenüber zukünftigen schädlichen Einwirkungen auf Böden zu unterscheiden. Die Gefahrenabwehr erstreckt sich grundsätzlich auf alle Arten von „Schädlichen Bodenveränderungen", auch wenn in der Bodenschutzverordnung im wesentlichen nur Anforderungen zu stofflichen Belastungen und zum Erosionsschutz konkretisiert sind. Die bodenschutzrechtliche Vorsorge ist relativ stark eingeschränkt und regelt vorrangig das Auf- und Einbringen von Materialien auf und in Böden.

7 Literatur

Bekanntmachung der Grundsätze und Handlungsempfehlungen zur guten fachlichen Praxis der landwirtschaftlichen Bodennutzung nach § 17 BBodSchG. Bekanntmachung des Bundesministeriums für Ernährung, Landwirtschaft und Forsten. Bundesanzeiger vom 20. 04. 1999, S. 6585 ff

Bekanntmachung über Methoden und Maßstäbe für die Ableitung der Prüf- und Maßnahmenwerte nach der Bundes-Bodenschutz- und Altlastenverordnung (BBodSchV). Bekanntmachung des Bundesministeriums für Umwelt, Naturschutz und Reaktorsicherheit vom 18. Juni 1999, Bundesanzeiger Nr. 161 a vom 28. August 1999

Bodenbearbeitung und Bodenschutz - Empfehlungen für die gute fachliche Praxis. KTBL-Arbeitsgruppe "Bodenbearbeitung und Bodenschutz". Darmstadt, 1998

Bundes-Bodenschutz- und Altlastenverordnung (BBodSchV), BGBl. I. 1999, S. 1554

Delschen T (1996) Bodenüberdeckung als Sanierungsmaßnahme für schwermetallbelastete Gärten: Ergebnisse eines Feldversuches. In: Pfaff-Schley, H. (Hrsg.): Bodenschutz und Umgang mit kontaminierten Böden, 167–181, Springer-Verlag, Berlin

Delschen T, König W, Leuchs W, Bannick C (1996) Begrenzung von Nährstoffeinträgen bei der Anwendung von Bioabfällen in Landschaftsbau und Rekultivierung. In: Entsorgungspraxis, Heft 12, 19–24

Fehlau K-P, Hilger B, König W (2000) Vollzugshilfe Bodenschutz und Altlastensanierung - Erläuterungen zur Bundes-Bodenschutz- und Altlastenverordnung, Erich Schmidt Verlag, Berlin

Gesetz zum Schutz vor schädlichen Bodenveränderungen und zur Sanierung von Altlasten (Bundes-Bodenschutzgesetz - BBodSchG), BGBl. I. 1998, S. 502

Gesetz zur Ausführung und Ergänzung des Bundes-Bodenschutzgesetzes in Nordrhein-Westfalen (Landesbodenschutzgesetz - LBodSchG), GVBl. NRW 2000, S. 439

Holzwarth F, Radtke H, Hilger B (1998) Bundes-Bodenschutzgesetz; Handkommentar. Erich Schmidt-Verlag, Berlin

König W, Fehlau K-P (1999) Bundes-Bodenschutzgesetz und Folgeregelungen. In: Umwelt, 28, Nr. 11/12, S. 10–12, 1998 und: Beratende Ingenieure, S. 32–34, jeweils mit Posterbeilage

Konfliktforschung als Grundlage für das Altlastenmanagement

Silvia Lazar

Konfliktforschung ist als eine interdisziplinäre Aufgabe zu verstehen, in der fachübergreifend Handlungsempfehlungen zur Konfliktregelung und Entscheidungsfindung, z.B. im Bereich Bodenschutz und Altlastenbewältigung, entwickelt werden. So entstehen gerade im Bereich des Altlastenmanagements aufgrund der hohen ökologischen, ökonomischen, politischen und technischen Anforderungen und der meist unterschiedlichen Interessenlage der beteiligten Akteure regelmäßig unerwünschte Konfliktsituationen.

Insbesondere die Bewältigung bewohnter Altlasten führt durch die direkte Betroffenheit der Bewohnerinnen und Bewohner zu erheblichen sozialen Konflikten und Akzeptanzproblemen. Diese resultieren aus unterschiedlichen Einschätzungen von gesundheitlichen und sozialen Risiken, Sanierungszielen und Möglichkeiten der technischen Problemlösung sowie Fragen der finanziellen Entschädigung bzw. Haftungsansprüchen. Daraus entstehen Fragen nach dem Umgang mit bewohnten Altlasten und Möglichkeiten des Konfliktmanagements.

1 Konfliktforschung als aktuelles Forschungsgebiet

Neue soziale
Bewegung

Die Untersuchung räumlicher Konflikte stellt – ausgelöst durch das Aufkommen der Neuen Sozialen Bewegungen – zumindest seit den 80er Jahren einen wesentlichen Bestandteil und Untersuchungsaspekt wissenschaftlicher Arbeiten dar. Die Art und Weise wie vorhandene Auseinandersetzungen zwischen Bürgern und Verwaltung um umstrittene Infrastrukturprojekte oder die Sanierung bewohnter Altlasten geführt wurden, zeigen, dass dieses Forschungsgebiet bislang nicht abschließend diskutiert wurde. Vorhandene Partizipationsverfahren, wie Mediation und Projektbeirat zeigen Grenzen der Vermittlungsfähigkeit von Interessengegensätzen auf. Aktuell bleibt die gerade im Zuge der inter- und transdisziplinären Forschung aufgeworfene Frage, welche theoretischen Ansätze und Konzepte geeignet sind, ein Verständnis für das Entstehen und den Verlauf von raumbezogenen Konflikten zu vermitteln und Ansatzpunkte für deren Analyse bzw. für die Erstellung von Handlungsempfehlungen im Sinne eines Altlastenkonfliktmanagements abzuleiten. Die Altlastenbewältigung ist hierbei als Sonderform des Bodenmanagements zu sehen, auf das sie verallgemeinernd übertragen werden kann.

2 Ansätze zur Betrachtung von Konflikten

2.1 Konflikte im Spannungsfeld zwischen Natur- und Geisteswissenschaften

Auseinandersetzungen um räumliche Ressourcen wurden in der Vergangenheit als regulatives Problem betrachtet. Mittlerweile ist jedoch zunehmend stärker das Bewusstsein vorhanden, dass Konflikte nur fachübergreifend zu verstehen und Lösungsansätze interdisziplinär zu entwickeln sind. Es ist zu unterscheiden, ob mit Hilfe eines theoriegeleiteten Konzeptes Konfliktsituationen untersucht und erklärt werden sollen oder ob Konflikte mit dem Ziel analysiert werden, Handlungsmöglichkeiten aufzuzeigen und Lösungsansätze abzuleiten. Während sich ein Erklärungsansatz auf konfliktauslösende Strukturen und Handlungen konzentrieren kann, stellt die angestrebte Ableitung von Lösungsansätzen zusätzlich anwendungsbezogene Anforderungen. Für die Entwicklung von Handlungsempfehlungen zur Bewältigung öffentlicher und privater Aufgaben ist zusätzlich die inhaltliche Dimension der Konflikte einzubeziehen, d.h. die fachübergreifenden Grundlagen der Altlastenbearbeitung im Sinne potentiell handlungsbegrenzender Rahmenbedingungen aufzuarbeiten.

Interdisziplinärer Ansatz in der Konfliktforschung

Ein interdisziplinärer Ansatz in der Konfliktforschung ist folglich dadurch begründet, dass in die Positionen der in die Auseinandersetzung involvierten Akteure Aspekte aller Wissenschaftsrichtungen hineinspielen, dabei von bestimmten Bereichen dominiert werden und andere Sichtweisen wieder nur zu einem Teil wahrgenommen werden.

Letztlich ist es für eine Konfliktanalyse jedoch zwingend, sich diese möglichen Sichtweisen zu vergegenwärtigen, um die Handlungshintergründe und Argumentationsstrategien der einzelnen Akteure zu verstehen und bei der Entwicklung von Konfliktregelungsstrategien zu berücksichtigen. Notwendig erscheint es ebenfalls, die Handlungen der vermeintlichen Gegenpartei als Folge von in bestimmter Weise interpretierten Rahmenbedingungen, Befürchtungen und normativen Werten zu sehen und unter diesem Aspekt die eigene Situation zu hinterfragen. Dabei zeigt die Analyse von Konflikten, dass disziplininterne Ansätze die Ursachen bzw. Ergebnisse zur Konfliktlösung verzerrt darstellen können, wenn sie in ihrer Sichtweise verhaftet bleiben, d.h. wenn beispielweise Fragen der Altlastenbewältigung auf die rechtlichen Voraussetzungen beschränkt oder auf das Problem der naturwissenschaftlichen Festlegung von Grenzwerten reduziert werden, anstatt in ihrer Synthese mit anderen Teilsdisziplinen betrachtet zu werden. Werlen (1995:513) schreibt in diesem Zusammenhang: „Forschungsansätze sind wie Brillen, anhand derer man die Wirklichkeit – oder zumindest das, was man dafür hält – unterschiedlich sieht. Jede Forschungs- [und Wissenschafts]perspektive hat, je nach Zuständigkeitsbereich, in gewissem Sinne je spezifische Sehschärfen und tote Winkel" (Ergänzung in Klammern durch die Autorin).

Umweltgeowissenschaftlicher Ansatz

So steht insbesondere die Altlasten- und Bodenschutzproblematik als ausgewiesene Querschnittsaufgabe im Spannungsfeld zwischen Natur-, Sozial- und Rechtswissenschaften. In diesem Bereich stellt beispielweise die Pluralität geowissenschaftlicher Forschungsansätze und Disziplinen einen wichtigen Ansatzpunkt für die Analyse von Konflikten dar.

Die Aufsplitterung in einzelne Teilbereiche bildet zwar einerseits einen Kritikpunkt, die Eigenständigkeit und den wissenschaftlichen Anspruch des Faches in Frage zu stellen (Wirth 1979). Andererseits liegt in der Konzeption, verschiedene Wissenschaftsbereiche zu integrieren, die Chance sich der „Realität" in ihrer Komplexität anzunähern (Valsangiacomo 1998), ohne auf eine sozial-, wirtschafts- oder naturwissenschaftliche Sichtweise fixiert zu sein. Es ist zu berücksichtigen, dass die Grundlage jeglicher Entscheidungen durch eine Vernetzung dieser unterschiedlichen Aspekte zustande kommt (Lazar 2001).

2.2 Erklärungsansätze soziologischer Konflikttheorien

2.2.1 Konflikte – Denken in Gegensätzen

Raumbezogene Auseinandersetzungen sind als soziale Konflikte um räumlich gebundene, begrenzte Ressourcen zu sehen. Dabei ist der „soziale Konflikt" definiert als „universeller, d.h. in allen Gesellschaften vorfindbarer Prozeß der Auseinandersetzung, der auf unterschiedlichen Interessen sozialer Gruppierungen beruht und der in unterschiedlicher Weise institutionalisiert ist und ausgetragen wird" (Lankenau und Zimmermann 1995:160). Soziale Konflikte weisen, ohne den Begriff ausschließlich auf diese Attribute zu reduzieren, folgende grundsätzliche Merkmale auf (DVÖPF 1993; Lankenau und Zimmermann 1995; Grunwald 1995):

Soziale Konflikte

- Gegensätzliche unvereinbare Interessen oder Handlungen, derer sich die Beteiligten bewusst sind

Merkmale

- Subjektive Sicht der Beteiligten, im Recht zu sein

- Chance, eigene Interessen durchzusetzen

- direkte oder indirekte Abhängigkeit aller beteiligten Akteure, die in der Regel auf dieselben Ressourcen angewiesen sind

- Gleichzeitigkeit der im Widerstreit stehenden Kräfte

- Einsatz von Macht- und Drohmitteln durch die Akteure

Anders als bei der „Konkurrenz" geht es bei Konflikten um den Einsatz von Macht mit dem Ziel, eine Niederlage des Kontrahenten zu erreichen oder eine eigene Niederlage zu verhindern. Damit ist stets die subjektive Sicht der jeweiligen Akteure verbunden, Interessen bzw. einen Teil der verfolgten Interessen durchsetzen zu können (DVÖPF 1993). Die Machtpotentiale der Betroffenen liegen im Fall von Altlastenkonflikten überwiegend in der Öffentlichkeitsarbeit (z.B. Leserbriefe und Protestaktionen) und in der Nutzung gerichtlicher Instanzen. Entgegen der meist negativen Besetzung des Begriffs „Konflikt" im allgemeinen Sprachgebrauch betonen moderne soziologische Konflikttheorien das integrierende Moment des Konflikts (Bonacker 1996; Giesen 1993; Lankenau und Zimmermann 1995). Soziale Konflikte sind demnach nicht nur unumgänglich, sondern notwendig und sozial nützlich für die gesellschaftliche Fortentwicklung, wenn es gelingt, sie zu institutionalisieren. Sie führen „zur Anpassung bzw. Neuschaffung sozialer Normen und Regeln, dadurch entstehen neue soziale Strukturen, und im Konfliktgeschehen werden sich die Beteiligten dieser Regeln bewusst.

Integrierendes Moment von Konflikten

Konflikt hat demnach auch eine sozialisierende Funktion und ist Bedingung für sozialen Wandel" (Coser 1972).

Bei diesem positiven Bild des Konflikts sieht Gerhard Schwarz die durch Aristoteles geprägte abendländisch-europäische Logik an die Grenzen ihres Weltbildes stoßen. Mit dem Axiom des zu vermeidenden Widerspruches „von zwei einander widersprechenden Aussagen ist mindestens eine falsch" (Schwarz 1996:14) fordert die europäische Logik im Falle von Widersprüchen eine Entscheidung, welche der einander widersprechenden Positionen die Richtige ist. Demgegenüber ist nach der im asiatischen Raum verbreiteten Denkweise von Laotse die gesamte Dimension eines Problems nur zu begreifen, „wenn man die widersprüchlichen Aspekte einer Sache gleichzeitig vor Augen hat" (Schwarz 1996:14).

Die Anwendung der abendländisch-europäischen Logik auf Konfliktfälle, die mit dem Zwang verbunden ist, sich für eine Position entscheiden zu müssen, führt nach Schwarz einerseits dazu, Konflikte grundsätzlich als etwas zu Vermeidendes anzusehen, da es sich um ein ausschließendes „entweder – oder" und nicht um eine integrierende „sowohl – als auch"-Entscheidung handelt. Andererseits werden Konflikte meist in starren Positionen ausgetragen. Die Rechtmäßigkeit vertretener Positionen wird letztlich durch gerichtliche Instanzen geklärt, und damit einer der beteiligten Parteien bzw. Positionen „Recht gegeben". Um diesem Problem eines „Denkens in Gegensätzen" gerecht zu werden, tauchten Anfang der 90er Jahre in der juristischen und politikwissenschaftlichen Diskussion verstärkt Ansätze der Konfliktregelung auf, die sich um einen Ausgleich der Interessen im Sinn einer Konsensentscheidung bemühen (Hoffmann-Riehm und Schmidt-Aßmann 1990; Fietkau und Weidner 1992; Holznagel 1990).

Denken in
Gegensätzen

Gesamtheitliches
Denken

2.2.2 Unterscheidung verschiedener Konfliktebenen

Sechs verschiedene
Konfliktebenen:

Für das Verständnis von Konflikten – und als Voraussetzung für die Ableitung von Regelungsansätzen – ist eine grundsätzliche Unterscheidung verschiedener Konfliktarten notwendig. Zu differenzieren ist nach Wiedemann et al. (1991) zwischen sechs verschiedenen Konfliktebenen, auf denen Konflikte entstehen und ausgetragen werden. Diese Unterscheidung ist gleichzeitig für die Ableitung von Regelungsstrategien notwendig, da sie auf der jeweiligen Ebene durch unterschiedliche Maßnahmen beseitigt oder vermittelt werden können.

1. Positionskonflikte

So werden Konflikte erstens in der Regel in Form von Positionen ausgetragen. Auf dieser Konfliktebene stehen sich die Forderungen der Akteure meist unvereinbar gegenüber. In der Altlastenbewältigung zeigen sich Positionskonflikte überwiegend in der Haltung zu den jeweiligen Sanierungszielen und Finanzierungsvorschlägen. Sie sind allerdings nicht immer eindeutig, entlang stereotyper Konfliktlinien z.B. „Bürgerinitiative versus Verwaltung" zu charakterisieren. Die nach außen vertretenen Positionen verdecken meist Interessengegensätze zwischen verschiedenen Akteuren, wie den Ebenen der Verwaltung oder innerhalb der Gruppe betroffener Anwohner, da gemeinsame Argumentationslinien und Forderungen vertreten werden müssen, um aktionsfähig zu sein.

2. Interessenkonflikte

Im Hintergrund von Positionskonflikten stehen zweitens unterschiedliche Interessen und Werte. Die Unterscheidung zwischen vertretenen Positionen und angestrebten Interessen ist wesentlich, da Interessen im Gegensatz zu Positionen das Potential in sich tragen, vermittelbar zu sein und oftmals durch verschiedene Maßnahmen realisiert werden können, während Positionen meist nur eine Handlung zulassen (Fischer und Ury 1996). Insbesondere im Hinblick auf die vertretenen Positionen zu den jeweils relevanten Entscheidungsalternativen kann sich ein Konflikt von den ursprünglichen Interessen entfernen und zu einer Auseinandersetzung um vorgeschobene Positionen und Inhalte verändern. In der Folge können zunächst nebensächliche Verfahrensfragen um Entscheidungskompetenzen und Information die zuerst im Vordergrund stehenden Sachfragen zunehmend in den Hintergrund drängen. Wesentlich ist hierbei die Unterscheidung zwischen Ziel- und Mittelkonflikten. Mittelkonflikte lassen in der Regel Kompromisse zu, da Auseinandersetzungen unter einem gemeinsamen Oberziel um die Art und Weise oder die Anzahl bestimmter Maßnahmen geführt werden. Dagegen stehen sich in Zielkonflikten Forderungen konträr gegenüber. Nicht die Frage nach einem „wieviel" bestimmt die Diskussion, sondern die grundsätzliche Frage, ob eine Maßnahme nötig ist.

Eine zwischen Akteuren häufig auftretende Interessen- und Wertedifferenz in der Altlastenbearbeitung zeigt sich in Diskursen um die Bewertung ökologischer und gesundheitlicher Belange und der Frage des zu schützenden Eigenwerts der Natur (Ossenbrügge 1993; Lehnes 1996). Dieser Aspekt ist in Konflikten um die Sanierung bewohnter Altlasten eng an die Wahrnehmung (oder Nicht-Wahrnehmung) des Gesundheitsrisikos und der ökologischen Belastung durch die Altlast gekoppelt. So steht von Seiten der Betroffenen oftmals das Interesse an einer vollständigen und raschen Beseitigung der Altlast ohne finanzielle Folgen im Vordergrund, das durch diese ökologischen und gesundheitlichen Werte bedingt ist. Im Gegenzug ist die Interessenlage und Sichtweise der Rahmenbedingungen von administrativen und politischen Akteuren meist durch ein Abwägen verschiedener weiterer Faktoren, wie wirtschaftliche Überlegungen oder dem möglichst reibungslosen Ablauf des Verfahrens, bestimmt. Eine konsequente Analyse von Wert- und Interessenkonflikten führt in der Regel auf den (meist nur schwer vermittelbaren) Zielkonflikt einer Kollision ökologischer und ökonomischer Interessen hin. Durch eine zunehmende Verflechtung ökologischer und wirtschaftlicher Interessen können diese auch dem Interesse an der angestrebten sozialen Gerechtigkeit widersprechen und dementsprechend eine neue Konfliktlinie bilden.

3. Informationskonflikte

Obwohl Interessen- oder Wertkonflikte und daraus folgende Positionskonflikte häufig die eigentliche Ursache einer Auseinandersetzung darstellen, ist drittens zu beobachten, dass Debatten inhaltlich überwiegend von Konflikten um Informationen und Zumutbarkeiten geprägt sind. Konflikte über Informationen können sich auf drei Ebenen manifestieren.

- Zugang zu Daten

- Auswahl widersprüchlicher Daten sowie deren Richtigkeit

- Bewertung der Daten und der sich daraus ergebenden potentiellen Gefahren

Als Beispiele können in der Altlastenproblematik die Diskussion um die Berechnung von Grenzwerten für Gefahrenstoffe oder das Informationsgefälle zwischen Verwaltung und Betroffenen herangezogen werden (Hachmann & Ulrici 1994).

Eng verknüpft mit Konflikten über Informationen sind viertens Konflikte über Zumutbarkeiten. Die Bewertung von Informationen orientiert sich nicht allein an der Frage der Richtigkeit und Aussagekraft von Daten, sondern in erster Linie an der Zumutbarkeit der daraus abzuleitenden Konsequenzen und befürchteten Folgen. Vor allem in Hinblick auf Risikoaspekte ist die Bewertung von Informationen eher ein individuelles und gesellschaftliches Ermessensproblem als eine Frage, die eine eindeutige und objektive Beantwortung zulässt. Dies zeigt sich im Umgang mit Altlasten insbesondere in der Diskussion über Sanierungswerte, mit denen die Zumutbarkeit von Schadstoffbelastungen festgelegt wird. Die Frage der Zumutbarkeit ist folglich eng an die Problematik der unterschiedlichen Risikowahrnehmung geknüpft (Banse 1996; Jungermann und Slovic 1993; Machtolf et al. 1997; Wiedemann 1993).

4. Konflikte der Zumutbarkeit

Fünftens sind Beziehungskonflikte um Vertrauen und Glaubwürdigkeit zwischen den verschiedenen Streitparteien zumeist auf gegenseitiges Misstrauen und gegenseitige Vorbehalte zurückzuführen. Das Gefühl, „vor vollendete Tatsachen gestellt" oder „über den Tisch gezogen" worden zu sein, erschwert die sachbezogene Auseinandersetzung. Verwaltungsentscheidungen erscheinen oft als „abgekartetes Spiel" einer gemeinsamen Koalition aus Politik, Verwaltung und Gutachtern. Haben sich diese gegenseitigen emotionalen Auffassungen stabilisiert, werden alle weiteren Schritte einer von Misstrauen geprägten Kontrolle unterzogen. Ebenso können gesundheits- und umweltschützende Argumente der Bürger als überzogene „Panikmache" erscheinen. Bürger sehen in der Folge ihre Ansprüche häufig nur durch Gerichte als unabhängige und neutrale Instanz vertreten. Der juristische Weg erscheint dann in der Regel das einziges Mittel, definitive Entscheidungen

5. Beziehungskonflikte

zu erzielen, wodurch Konflikte über die Umwelt- und Sozialverträglichkeit von Sanierungskonzepten jedoch nicht beigelegt und der Verlust an Vertrauen, den die befassten Behörden in der Öffentlichkeit erleiden, kaum behoben werden kann.

6. Konflikte um Verhandlungsbereitschaft

Sechstens sind Konflikte über Kompromissbereitschaften als gruppenbezogene Prozesse der Zielabgleichung und -anpassung zu sehen. Sie betreffen die Art wie Auseinandersetzungen geführt werden sollen und wann Verhandlungsergebnisse als Erfolg angesehen werden (Wiedemann et al. 1991). Diese Konfliktebene ist vor allem bei der Anwendung von innovativen Ansätzen der Konfliktregelung relevant, da hier Fragen von Verhandlungsbereitschaft und Kompromissbereitschaft der Akteure im Mittelpunkt stehen. Diese Konflikte sind nicht nur in Auseinandersetzungen zwischen den einzelnen Akteuren von Bedeutung, sondern vor allem innerhalb der Akteurgruppen relevant. So sind innerhalb von Bürgerinitiativen bzw. auch zwischen den beteiligten administrativen Stellen die verschiedenen Positionen so auszugleichen, dass gemeinsame Erklärungen abgegeben werden können.

2.2.3 Auswirkungen und Erscheinungsformen von Konflikten

Manifeste vs. latente Konflikte

Für die Konfliktanalyse ist – neben einer Unterscheidung der verschiedenen Konfliktebenen – eine Differenzierung von Konflikten in ihren Erscheinungsformen und Auswirkungen relevant. Soziologische Konflikttheorien unterscheiden manifeste Konflikte als gewollte Auseinandersetzung und latente Konflikte als unterschwellig vorhandene, aber nicht ausgetragene Interessengegensätze sowie umgeleitete Konflikte, die in anderen Bereichen auftreten als sie verursacht werden (Dahrendorf 1994, 1996; Giesen 1993; Lankenau und Zimmermann 1995). Durch Auseinandersetzungen, in denen Droh- oder Machtmittel eingesetzt werden, werden latente Konflikte sichtbar und manifestieren sich. Je nach spezifischer Problemlage werden diese Gegensatzbeziehungen unterschiedlich offen ausgetragen, d.h. durch eine Änderung der Umstände können latente Konflikte sichtbar werden bzw. manifeste Konflikte an Bedeutung verlieren. Ebenso können latente Konflikte die eigentlichen Ursachen ausgetragener Konflikte sein. Deshalb kann die Auswirkung, die eine Konfliktursache nach sich zieht, nicht zwangsläufig als Indikator für die Relevanz dieses Interessengegensatzes verwendet werden. Zu betrachten sind demnach Konfliktpotentiale und die Bedingungen, die zu ihrer Entstehung führen. Eine Reduzierung auf die eigentlichen Konflikte kann demgegenüber in der Analyse fehlgehen.

Ein weiteres Kriterium, mit dem Konflikte hinsichtlich ihrer Entstehung unterschieden werden, ist die Unterteilung in exogene und endogene Faktoren (Dahrendorf 1996). Mit den exogenen Faktoren, wie den rechtlichen Vorgaben bzw. den finanziellen und technischen Möglichkeiten, werden Bedingungen als gegeben, d.h. nicht von den Akteuren beeinflussbar, angenommen. Sie werden somit nicht von den Handlungen und Entscheidungen der Beteiligten beeinflusst. Für eine Konfliktanalyse sind diese Rahmenbedingungen relevant, da sie

Exogene vs. endogene Faktoren

- in sich Konfliktpotentiale bergen, die in der Sachlage begründet sind,

- Konfliktlinien vorzeichnen, die sich im Verhalten der Akteure widerspiegeln,

- den Handlungsspielraum der Akteure begrenzen.

Im Gegensatz dazu beziehen sich endogene Faktoren auf die Handlungsweise und den Entscheidungsspielraum der Akteure. Sie werden von den Akteuren durch ihr Handeln beeinflusst. Wesentlich ist hierbei die Komponente der Macht, die sich in den Handlungsstrategien der Akteure widerspiegelt (Giddens 1995; Giesen 1993; Reuber 1999; Weber 1960). Durch eine Veränderung der Entscheidungskompetenz sollen inhaltliche Entscheidungen beeinflusst werden. Dabei können verschiedene Handlungsstrategien zur Durchsetzung von Zielen und Interessen eingesetzt werden. Die Wirkungsweise dieser Strategien ist je nach Machtpotential der Akteure und situationsbedingter Ausgangslage unterschiedlich (Reuber 1999).

Macht
vs.
Einfluß

Die Frage der Machtpotentiale findet sich nicht nur bei Habermas in den Voraussetzungen für Verständigungsprozesse und kommunikative Konfliktlösung, sondern auch im Modell der Konflikttheorie von Dahrendorf. Dieser sieht in Anlehnung an Max Weber die Entstehungsursache von Konflikten innerhalb der Gesellschaft in der Sphäre der Herrschaft und Macht (Dahrendorf 1996), wobei Weber (1960:28) Macht als Chance deutet, „innerhalb einer sozialen Beziehung den eigenen Willen auch gegen Widerstand durchzusetzen, gleichviel worauf diese Chance beruht." Die Betrachtung der Chancen wird durch Giddens Ansatz konkretisiert, in dem er die allokativen und autoritativen Ressourcen und Fähigkeiten der Akteure in einer Gesellschaft sowie das Wissen um Regeln und deren Anwendungsbereich als Erklärungsansatz für die unterschiedlichen Durchsetzungsmöglichkeiten heranzieht (Giddens 1995). Von Bedeutung ist hierbei nicht nur Macht im Sinne einer völligen Durchsetzung von Interessen, sondern auch „Einfluss" als abgestufte und feiner dosierte Form der Beeinflussung von Entscheidungen (Prittwitz 1994).

Das bedeutet für den Umgang mit Konflikten auf bewohnten Altlasten, dass einerseits zu analysieren ist, welche Sachverhalte konfliktauslösend sind und den Kern der Auseinandersetzung bilden und wie diese subjektiv von den Akteuren wahrgenommen werden. Andererseits ist zu unterscheiden, inwieweit Konflikte durch Sachverhalte verursacht werden, die im Kompetenz- und Entscheidungsbereich der Akteure liegen. Von Relevanz ist dabei, inwieweit die bestehenden Strukturen eine Kommunikation zwischen den Akteuren ermöglichen, d.h. bestehende Verfahren die Voraussetzung für einen Interessenausgleich schaffen.

2.3 Policy-Analyse als Untersuchungsrahmen

Diese Fragestellung nach den Wechselbeziehungen von Rahmenbedingungen, konfliktauslösenden Sachverhalten und den Verfahrens- und Entscheidungsprozessen findet sich u.a. im Untersuchungsansatz der Policy-Analyse bzw. der Politikfeldanalyse wieder (Schubert 1991). Die politikwissenschaftliche Diskussion um Einflussfaktoren und Voraussetzungen politischer Entscheidungen, Handlungsbedingungen und -rationalitäten der politischen Akteure wurde im englischsprachigen Raum bereits seit Anfang der 60er Jahre geführt. Ein hoher politischer Beratungsbedarf hatte zur Folge, dass sich die Policy-Analyse in den 80er Jahren auch in der deutschen politikwissenschaftlichen Diskussion etablierte.

Grundlegend für die Policy-Analyse ist die aus der englischsprachigen Terminologie stammende und in der Politikwissenschaft gebräuchliche Unterscheidung des Begriffs „Politik" in die drei Dimensionen polity, policy und politics (Prittwitz 1994; Rohe 1978).

Polity bezieht sich auf die normative Dimension von Politik, auf den vorgegebenen politischen Handlungsrahmen innerhalb dessen Entscheidungen getroffen werden, d.h. auf die konkreten politischen Ordnungen sowie die politisch formalen, institutionellen und strukturellen Entscheidungsstrukturen, die durch Verfassung und Instanzen festgelegt sind. Polity konzentriert sich im ursprünglich verwendeten Sinn rein auf den äußeren Handlungsrahmen als grundlegende Organisationsform eines Staates im Sinne der Verfassung. Entsprechend der fachübergreifenden Ausrichtung der Altlastenbearbeitung wird jedoch der durch die politischen Entscheidungsstrukturen vorgegebene Handlungsrahmen erweitert und die in der Altlastenproblematik relevanten sozio-ökonomischen, technischen und juristischen Aspekte einbezogen.

Policy bezieht sich auf die inhaltliche Dimension, d. h. auf die Handlungsfelder und Inhalte der Politik. Im Falle der Altlastenbewältigung entsprechen diese inhaltlichen Handlungsfelder den vorhandenen Konfliktpunkten um die Festlegung von Sanierungszielen, Möglichkeiten der Finanzierung oder der Risikobestimmung.

Politics bezieht sich auf das politische Verfahren, d.h. auf die prozessuale Dimension von Politik und damit auf die Art und Weise, wie „policy" zustande kommt, ohne direkt an die Inhalte gekoppelt zu sein.

Im Verfahren der Altlastenbearbeitung entspricht dies den konkreten Verhandlungs- und Entscheidungsprozessen.

Von Interesse für die Konfliktforschung sind hierbei weniger funktionale Schemen, wie der als Input-Output-Modell konzipierte „policy-cycle", da dieser eine überwiegend deskriptive und nur selten eine forschungsleitende Rolle spielt. Von größerer Relevanz sind handlungstheoretische Ansätze als zweite bzw. ergänzende Untersuchungsperspektive der Policy-Analyse, die den Verlauf von Entscheidungsprozessen aus dem Zusammenspiel von Handlungen, Handlungsbedingungen und Handlungsrationalitäten der Akteure erklären (Klöti 1989, Giddens 1995). Eine für das Konfliktmanagement wesentliche Diskussion in der Policy-Forschung steht hierbei unter der Leitfrage, wie und in welchem Ausmaß polity und politics die policies bestimmen, und wie das Zusammenspiel der drei Politikdimensionen gestaltet ist (Schubert 1991). Übertragen auf die Altlastenproblematik stellt sich entsprechend die Frage, in welchem Ausmaß Konflikte im Umgang mit bewohnten Altlasten durch einen vorgegebenen Handlungsrahmen und inwieweit durch das Verfahren bzw. durch das Handeln und die Entscheidungen der Akteure bedingt sind. Damit ist es, wie die folgende Abbildung zeigt, möglich, die Konfliktentstehung in Anlehnung an die Policy-Analyse in der Wechselbeziehung von Rahmenbedingungen und Akteurhandlungen zu erklären (Abb. 1).

Handlungstheoretische Ansätze

vgl. Abbildung 1, nächste Seite

Wechselbeziehungen zwischen Rahmenbedingungen und Akteurhandlungen

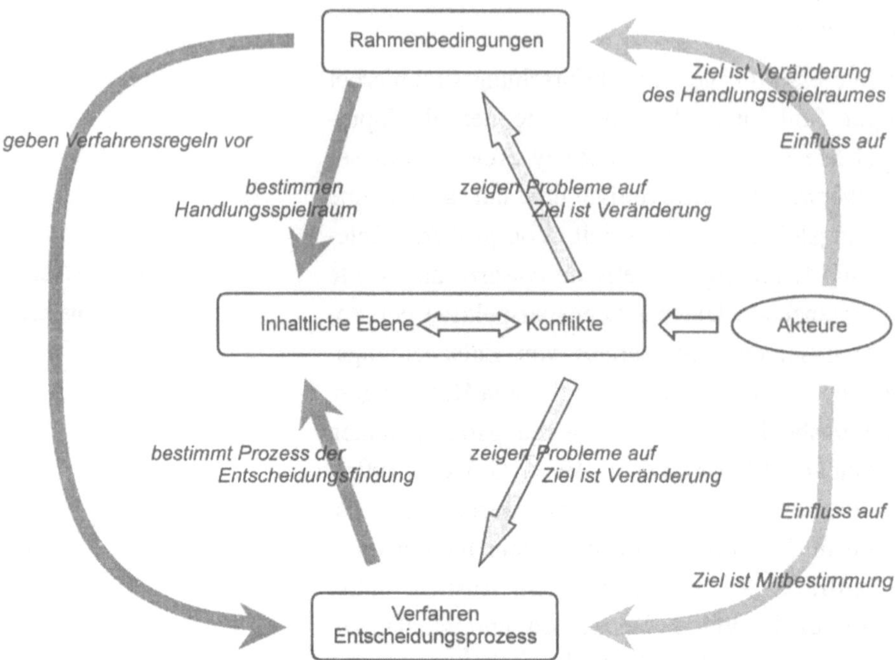

Abbildung 1.
Untersuchungsrahmen

Konflikte entstehen in der Regel durch Interessengegensätze auf der inhaltlichen Ebene. Diese können zum einen durch Rahmenbedingungen und den durch sie vorgegebenen Handlungsspielraum, der von den Akteuren nicht akzeptiert wird und verändert werden soll, bedingt sein. Zum anderen können Konflikte auf der Verfahrensebene durch den Prozess der Auseinandersetzung, durch die Art und Weise der Entscheidungsfindung und unzureichende Mitsprachemöglichkeiten verursacht werden.

Das Ziel der Akteure ist eine Beeinflussung bzw. Veränderung von Entscheidungen auf der inhaltlichen Ebene, die nicht akzeptabel erscheinen.

Ist eine direkte Beeinflussung der Entscheidung nicht möglich, wird durch Protest und Widerstand entweder eine Änderung bzw. Interpretation der Rahmenbedingungen im eigenen Interesse oder eine Änderung des Verfahrens angestrebt. Konflikte sind damit als Sonderform von Entscheidungsprozessen zu sehen, in denen bestimmte Interessen nicht ausreichend berücksichtigt wurden. Macht- und Drohpotentiale werden eingesetzt, um entweder über eine Änderung des Verfahrens oder über eine Änderung der Rahmenbedingungen die Entscheidung auf der inhaltlichen Ebene im eigenen Interesse zu beeinflussen.

Konflikte als
Sonderformen von
Entscheidungs-
prozessen

Gleichzeitig können die Akteure die inhaltliche Entscheidung auch – ohne Umweg über Konflikte – durch eine direkte Einflussnahme auf die Rahmenbedingungen bzw. durch eine direkte Einflussnahme auf das Verfahren bestimmen. Hierbei sind Handlungsstrategien der Akteure, wie Vorentscheidungen, Bildung von Netzwerken etc. von Bedeutung. Ist ein solcher Einfluss nicht möglich oder gibt die dominante Interpretation der Rahmenbedingungen einen Handlungsspielraum vor, der keine zufriedenstellenden oder praktikablen Lösungen zulässt, sind Konflikte zur Beeinflussung oder Veränderung einer inhaltliche Entscheidung unumgänglich.

Unter der Voraussetzung, dass politisches Denken und Handeln zielorientiert, strategisch und rational bestimmt ist, werden insbesondere zwei Fragen relevant: Zum einen die Frage, wer an politischen Entscheidungen beteiligt ist und zum anderen wo, d.h. in welchen Arenen und auf welchen räumlich-institutionellen Ebenen diese Entscheidungen getroffen werden (Prittwitz 1994).

Durch die Zusammensetzung der Gruppe der Akteure, die am Entscheidungsprozess teilnehmen, kann

Entscheidungs-
relevante
Netzwerke

sich das Ausmaß des Verhandlungsspielraumes aber auch die Verfahrensregeln und die Interpretation der Rahmenbedingungen entscheidend verändern bzw. durch eine aktive Auswahl der Akteure gezielt beeinflusst werden. Von besonderer Relevanz für die Konfliktanalyse ist hierbei „das – für moderne Demokratien typische – Beziehungsgeflecht zwischen den unterschiedlichen am politischen Problemlösungsprozess beteiligten Akteuren" (vgl. Schubert 1991:89) – folglich die Analyse entscheidungsrelevanter Netzwerke mit weitgehend übereinstimmenden Interessen, gegenüber denen andere Interessen in der Regel nur schwer vermittelbar und durchsetzungsfähig sind. Das Zusammenwirken von privaten und staatlichen Akteuren, die an einem gemeinsamen Output interessiert sind, muss jedoch weder konfliktfrei ablaufen, noch sind solche Netzwerke als unveränderliche Verbindungen zu verstehen. Netzwerke können im Laufe des Entscheidungsprozesses an Bedeutung verlieren oder sich neu gestalten, insbesondere wenn sich Rahmenbedingungen, Zielsetzungen oder Handlungsstrategien der Akteure ändern.

Wertesysteme

Ein koordiniertes, gemeinsames Agieren orientiert sich jedoch nicht nur an gemeinsamen Zielen und Interessen. Für die Organisation von Akteuren in sog. „Policy Advocacy Coalitions" sind ebenso handlungsleitende Orientierungen als „Belief Systems" von Bedeutung, wie Ideen, Wertvorstellungen und Überzeugungen, aber auch die Zugehörigkeit und Ausrichtung an institutionellen Gepflogenheiten sowie institutionalisierte Verhaltensmuster. Diese Belief Systems bilden sich meist über einen längeren Zeitraum und bleiben über konkrete Entscheidungssituationen hinaus bestehen (Sabatier 1993; Prittwitz 1994).

Grundlegend für den Umfang mit Konflikten und für die Ableitung von Konfliktregelungsverfahren ist hierbei die konstruktivistische Annahme, derzufolge die materielle Welt und die scheinbar fest vorgegebenen Rahmenbedingungen von den einzelnen Akteuren unterschiedlich wahrgenommen und interpretiert werden. Konflikte stellen in diesem Sinn nicht akzeptierte bzw. unterschiedlich interpretierte Rahmenbedingungen dar. In ihnen spiegeln sich die subjektiven Sichtweisen der Altlastensituation wider. Die Vorstellung der Entscheidungs- und Konfliktsituation ist durch die subjektive Wahrnehmung, Konstruktion und Symbolisierung der Rahmenbedingungen durch die Akteure bestimmt. Problemwahrnehmung und Interpretation der Rahmenbedingungen sind daher akteurabhängig – auch für den wissenschaftlichen Blickwinkel (Reuber 1999; Tomaschek 1999). Folglich kann nicht davon ausgegangen werden, dass nur eine einzige Lösung oder Handlungsoption für ein bestimmtes gesellschaftliches Problem zu finden ist. Entscheidend sind daher Konfliktbearbeitungsstrategien, die es erlauben, sowohl die unterschiedlichen Sichtweisen der Akteure offen zu legen als auch Handlungsspielräume und dominante Situationsdeutungen aufzuzeigen, welche durch die – subjektiv betrachteten – Rahmenbedingungen gegeben sind.

Konflikte als unterschiedlich interpretierte Rahmenbedingungen

3 Konfliktmanagement – Der Umgang mit Konflikten

Ziel des Konfliktmanagements kann demnach nicht sein, Konflikte völlig zu vermeiden oder Gegensätze zu beseitigen, sondern nach Verfahrensregelungen zu suchen, mit deren Hilfe Handlungsspielräume aufgezeigt werden, um die verschiedenen Interpretationsmöglichkeiten und Sichtweisen der Akteure zusammenzuführen.

Vermeidung von „lose-lose-Situationen"

Zu vermeiden sind dagegen die politischen, sozialen und ökonomischen Reibungsverluste auf beiden Seiten der Konfliktparteien. Diese „lose-lose-Situationen" können durch Verfahren vermieden werden, die es ermöglichen, die jeweiligen Interessen zu berücksichtigen, ohne dass es zum Einsatz von Macht- und Drohmitteln kommt. Finanzielle und zeitliche Ressourcen sowie Energien, die aufgewendet werden, um Interessen und Argumente gegeneinander auszuspielen, können dazu verwendet werden, alternative Lösungen zu suchen. Eine Möglichkeit im Umgang mit Konflikten wird hierbei in der Institutionalisierung von Kommunikationsmöglichkeiten gesehen. Da nach Habermas (1988:101) Konflikte „Ausdruck eines interessengeleiteten Handelns" sind, sieht er Möglichkeiten der Konfliktregulierung darin, Situationen zu schaffen, in denen verständigungsorientiert kommuniziert und die Handlungsorientierung von Erfolg auf Verständigung umgestellt wird (Habermas 1988, 1996). Als Bedingung nennt er die Chancengleichheit der Teilnehmer, ihre gegenseitige Anerkennung und die Sicherung einer kommunikativen Handlungsstruktur.

Erzeugung von „win-win-Situationen"

Wichtig sind hierbei sowohl die formellen Entscheidungskompetenzen – z.B. die Stellung im politischen Entscheidungssystem, die Akteure einnehmen – als auch die informellen und an die Person gebundenen Bedingungen wie Wissen, Zugang zu Ressourcen und persönliche Fähigkeiten, die es ermöglichen, eigene Interessen in den Entscheidungsprozess einzubringen.

Daraus ergeben sich für die Ableitung von Ansatzpunkten für den weitgehend konfliktfreien Umgang mit bewohnten Altlasten zwei Möglichkeiten. Zum einen können die Rahmenbedingungen verändert und damit Konfliktpotentiale beseitigt werden, die den Handlungsspielraum beschränken und damit eine zufriedenstellende, inhaltliche Lösung verhindern. Notwendig ist folglich eine Berücksichtigung von Interessen und Erfordernissen von Akteuren auf der kommunalen Ebene bei der Festlegung der Rahmenbedingungen, insbesondere bei der Implementierung rechtlicher Regelungen. Zum anderen können die Interessen der Akteure im Entscheidungsprozess soweit berücksichtigt werden, dass eine für alle Parteien akzeptable Lösung gefunden werden kann und versucht wird, den vorhandenen Handlungsspielraum zu nutzen. Die Motivation ist ein Interessenausgleich, der über einen transparenten Entscheidungsprozess erreicht wird. Von Relevanz ist hierbei, dass Entscheidungen nicht als Wahl zwischen verschiedenen – als richtig oder falsch bestätigten – Auffassungen und Positionen verstanden werden, sondern unterschiedliche Interessen und Sichtweisen gleichberechtigt nebeneinander stehen. Einen wesentlichen Faktor stellen folglich partizipative Ansätze der Konfliktregelung dar, wie sie alternative Formen der Konfliktregelung anbieten – nach Habermas eine verständigungsorientierte Kommunikation gleichberechtigter Teilnehmer.

Diskussion der Rahmenbedingungen

Partizipative Ansätze

Verfahren

Zu unterscheiden sind hierbei Partizipationsverfahren wie Planungszelle, Konsensuskonferenzen oder Zukunftswerkstatt, die im Vorfeld der Planung eingesetzt werden und Vermittlungsverfahren wie Mediation und Projektbeiräte, die betroffenen Bürgern die Möglichkeit bieten an konkreten Entscheidungen zu partizipieren (Dienel 1992; Gans 1994; Gaßner et al. 1992; Hoffmann-Riem 1989, 1990; Hoffmann-Riehm und Schmidt-Aßmann 1990; Holznagel 1990; Köberle et al. 1997; Mussel und Schrader 1994; Streignitz 1993; Weidner und Fietkau 1995). Diese Vermittlungsverfahren können es ermöglichen, die subjektiven Sichtweisen der Rahmenbedingungen zusammenzuführen und gemeinsam mit allen planungsbetroffenen Akteuren innerhalb von akzeptierten Handlungsgrenzen, vorhandene Spielräume für eine positive Entscheidung zu nutzen.

Dabei sind zur Umsetzung einer gleichberechtigten Diskussion im Rahmen eines Beteiligungsmodells neben den formellen Entscheidungsstrukturen insbesondere informelle Strukturen und Verfahrensvorgaben relevant. Wesentlichen Einfluss auf die tatsächlichen Mitentscheidungsmöglichkeiten hat die konkrete Ausgestaltung und Umsetzung: Einflussmöglichkeiten sind u.a. durch die Zuweisung von Verfahrenskompetenzen an den Vorsitzenden, die Strukturierung der Diskussionen, die Auswahl der Beiratsmitglieder sowie das Stimmenverhältnis und die Abstimmungsmodalitäten gegeben. Unter Berücksichtigung dieser Einflussfaktoren können auf der Grundlage verschiedener Untersuchung zusammenfassend neun Verfahrensgrundsätze für die Altlastenbewältigung vorgestellt werden, die auch auf andere kommunale Planungssituationen übertragbar sind (Tab. 1).

vgl. Tabelle 1,
Seite 53

Tabelle 1.

Grundsätze der Altlastenbearbeitung aus der Sicht der Konfliktforschung (nach Hachmann und Ulrici 1994; Simmleit und Ernst 1994; Machtolf et al. 1997)

Grundsätze der Altlastenbearbeitung

Zuständigkeiten und Abläufe transparent machen.

Durch detaillierte Zuständigkeits- und Ablaufregeln, die im Rahmen der Öffentlichkeits- und Pressearbeit bekannt gemacht werden, können Zeit und Kosten eingespart, Reibungsverluste gemindert sowie Konflikte in Bezug auf Verfahrensregeln vorgebeugt werden. Der Rückzug auf rechtliche Positionen kann hierbei schnell als Taktik verstanden werden.

Information jedes einzelnen Betroffenen sicherstellen.
Wesentliche Grundlage der Konfliktminderung ist die frühzeitige und vollständige Information der betroffenen Bürger. Dies kann durch Bürgerversammlungen, Informationsblätter und Einzelberatungstermine geschehen. Dabei kann es nötig sein, den Datenschutz flexibel zu handhaben.

Zusammenarbeit mit Betroffenenorganisationen sichern.
Von Vorteil für eine konfliktarme Entscheidung ist die Artikulation der Interessen der Anwohner, die sich zu einer Interessenorganisation zusammenschließen. Eine solcher Organisation bringt sowohl für die Betroffenen als auch für die Verwaltung Vorteile, da Ansprechpartner und Multiplikatoren vorhanden sind.

Bürger im Rahmen von Projektbeiräten in Entscheidungen einbeziehen.
Reibungsverluste und Konfliktintensität können reduziert werden, wenn frühzeitig die Zustimmung der Anwohner zu Sanierungsweg und -zielen durch eine offene Argumentation des Sachverhalts gewonnen wird. Anzustreben sind Entscheidungsforen wie Projekt- oder Sanierungsbeiräte sowie weitere mediationsgestützte Verfahren.

Diskussionsleitung durch neutralen Moderator.
Wesentliche verfahrensbedingte Konflikte können durch eine neutrale Moderation vermieden werden. Umfang und Aufgaben eines Verfahrensmittlers sind nach der jeweiligen Problemlage und gemeinsam mit den Betroffenen festzulegen. Angestrebtes Ziel sollte die Akzeptanz (nicht die Überredung) aller Akteure sein.

Abwägungsleitlinien und -prioritäten offen legen.
Günstig ist, wenn die Verwaltung verbindliche Leitlinien und Entscheidungsstrategien gemeinsam mit den betroffenen Bürgern festlegt. Wichtig ist auch die Offenlegung und Akzeptanz von Entscheidungsmodalitäten und die Abstimmung über die Geschäftsordnung des gemeinsamen Entscheidungsforums. Bereits im Vorfeld festgelegte Entscheidungen wirken sich in der Regel kontraproduktiv auf den Diskussionsprozess aus.

Rahmenbedingungen definieren und Handlungsspielräume abwägen.
Die Rahmenbedingungen sind nicht als Sachzwänge zu bewerten, sondern unterliegen Interpretations- und Ermessensspielräumen. Innerhalb dieser Handlungsspielräume sind Entscheidungen zu treffen. Hierbei sich auch die Gutachterauswahl und die Festlegung der Sanierungsziele als politische Entscheidung zu verstehen.

Kontinuität und Verlässlichkeit gewährleisten.
Die Verbindlichkeit von Aussagen stellt eine wesentliche Bedingung für das Vertrauen der Bürger in die Verwaltung dar. Der Wechsel von Mitarbeitern und veränderte Entscheidungsprioritäten kann erhebliche Irritationen auf beiden Seiten bewirken. Relevant ist folglich die Sicherheit von Termin- und Untersuchungszusagen, aber auch die zügige Weitergabe von Untersuchungsergebnissen.

Risiko- und Wahrnehmungsdiskussion führen.
Wahrnehmungsdifferenzen können einen wesentlichen Anteil daran haben, dass sich Konflikte manifestieren. Nötig ist hier ein Dialog über die Wahrnehmung von Risiken, Rolleneinschätzung und Rahmenbedingungen. Dadurch können Handlungsspielräume identifiziert und akzeptierte Entscheidungen gefunden werden.

Abschluss **öffentlich**-rechtlicher Verträge.
Die Altlastenbearbeitung sollte sich nicht auf das „Verwalten" von Problemen beschränken. Die ordnungsbehördliche Vorgehensweise sollte soweit als möglich vermieden werden - bei der Altlastenbewältigung bietet sich entsprechend der Abschluss öffentlich-rechtlicher Verträge an.

4 Zusammenfassung und Ausblick

Individuelle
Handlungs-
empfehlungen

Die Konfliktforschung stellt eine Reihe von Handlungsempfehlungen zur Konfliktregelung und Entscheidungsfindung für den Bereich des Boden- und Altlasten-Management zur Verfügung. Diese Handlungsempfehlungen sowie die dahinter stehenden Modellansätze sind allerdings nicht als feststehende und unveränderliche Vorgaben zu verstehen, sondern im Hinblick auf den jeweiligen Kontext einer Entscheidungssituation und die unterschiedlichen Interessen der beteiligten Akteure neu zu bewerten. Die weitgehend konfliktfreien Einsätze mediationsgestützter Beiratsmodelle im Rahmen der Altlastenbearbeitung in Empelde (Mussel und Schrader 1994), Osnabrück (Claus et al. 1996) und Wuppertal-Langerfeld (Lazar 2001) zeigen, dass diese Ansätze zur Konfliktregelung erfolgversprechend sind. Darüber hinaus kann sich eine Änderung der rechtlichen Rahmenbedingungen auf den Umgang mit bewohnten Altlasten konfliktreduzierend auswirken. Positiv zu bewerten wäre beispielsweise eine gesetzliche Regelung der Altlastenfinanzierung im Rahmen des BBodSchG und die Berücksichtigung der sogenannten Opferposition von privaten Eigentümern, die ohne Wissen um eine Kontamination ihr Grundstück erstanden haben. Wünschenswert wäre des weiteren die Verankerung von weitergehenden Informations- und Mitspracherechten der Betroffenen. Im Rahmen von Projektbeiräten, die beispielweise nach den Vorgaben von § 7 des Niedersächsischen Bodenschutzgesetzes angelegt sind, kann versucht werden, die meist im Zentrum der Diskussion stehenden qualitativen und quantitativen Sanierungsziele im Einvernehmen mit den Betroffenen und ohne Reibungsverluste zu bestimmen.

5 Literatur

Banse G (1996) Herkunft und Anspruch der Risikoforschung. In: Banse, G. [Hrsg.]: Risikoforschung zwischen Disziplinarität und Interdisziplinarität. Von der Illusion der Sicherheit zum Umgang mit Unsicherheit. Berlin,15-72

Bonacker T [Hrsg.] (1996) Konflikttheorien. Eine sozialwissenschaftliche Einführung mit Quellen. Opladen

Claus F, Koziorowski A, Voßebürger P (1996) Wüste lebt. In: ENTSORGA-Magazin EntsorgungsWirtschaft 10,S. 54-57

Coser L A (1972) Theorie sozialer Konflikte. Neuwied, Berlin

Dahrendorf R (1994) Der moderne soziale Konflikt. Essays zur Politik der Freiheit. München

Dahrendorf R (1996) Zu einer Theorie des sozialen Konflikts. In: Bonacker, T. [Hrsg.]: Konflikttheorien. Eine sozialwissenschaftliche Einführung mit Quellen. Opladen. S. 279-295

Dienel P C (1992[3]) Die Planungszelle. Der Bürger plant seine Umwelt. Eine Alternative zur Establishment-Demokratie. Opladen

DVÖPF (Deutschen Verein für Öffentliche und Private Fürsorge) [Hrsg.] (1993[3]) Fachlexikon der sozialen Arbeit. Frankfurt am Main

Fietkau H-J, Weidner H (1992) Umweltmediation. Erste Ergebnisse aus der Begleitforschung zum Mediationsverfahren im Kreis Neuss. Zeitschrift für Umweltpolitik 4. S. 451-480

Fischer R, Ury W (1996) Das Harvard-Konzept. Sachgerecht verhandeln - erfolgreich verhandeln. Frankfurt, New York

Gans B (1994) Mediation. Ein Weg des Umgangs mit Konflikten in der räumlichen Planung? München

Gaßner H, Holznagel B, Lahl U (1992) Mediation. Verhandlung als Mittel der Konsensfindung. Bonn.

Giddens A (1995[2]) Die Konstitution der Gesellschaft. Grundzüge einer Theorie der Strukturierung. Frankfurt, New York

Giesen B (1993) Die Konflikttheorie. In: Endruweit, G. [Hrsg.]: Moderne Theorien der Soziologie. Strukturell-funktionale Theorie, Konflikttheorie, Verhaltenstheorie. Stuttgart. S. 87-111

Grunwald W (1995) Konfliktmanagement: Denken in Gegensätzen. In: Aus Politik und Zeitgeschichte B 43. S. 19-43

Habermas J (1988) Theorie des kommunikativen Handelns. Frankfurt

Habermas J (1996) Theorie des kommunikativen Handelns: Aufgaben einer kritischen Gesellschaftstheorie. In: Bonacker, T. [Hrsg.]: Konflikttheorien. Eine sozialwissenschaftliche Einführung mit Quellen. Opladen. S. 59-476

Hachmann R, Ulrici W (1994) Altlast-Konflikt-Management. Herausforderung an kommunale Politik und Verwaltung. In: Hermanns, K. & Walcha, H. [Hrsg.]: Ökologische Altlasten in der kommunalen Praxis. Köln. S. 143-170

Hoffmann-Riem W (1989) Konfliktmittler in Verwaltungsverhandlungen. Heidelberg. [= Forum Rechtswissenschaft 22]

Hoffmann-Riem W (1990) Interessenausgleich durch Verhandlungslösungen. In: Zeitschrift für Angewandte Umweltforschung 3 (1) S. 19-35

Hoffmann-Riem W, Schmidt-Aßmann E [Hrsg.] (1990) Konfliktbewältigung durch Verhandlungen. Bd. 1. Informelle und mittlerunterstützte Verhandlungen in Verwaltungsverfahren. Baden-Baden

Holznagel B (1990) Konfliktlösung durch Verhandlung, Aushandlungsprozesse als Mittel der Konfliktverarbeitung. Baden-Baden

Jungermann H, Slovic P (1993) Charakteristika individueller Risikowahrnehmung. In: Bayrische Rückversicherung [Hrsg.]: Risiko ist ein Konstrukt. München. S. 89-108

Klöti U (1989) Handlungstheorien. In: Nohlen, D. und Schulze, R.-O. [Hrsg.] Politikwissenschaft. Theorien-Methoden-Begriffe. München, Zürich. S. 322-324

Köberle S, Gloede F, Hennen L [Hrsg.] (1997) Diskursive Verständigung? Mediation und Partizipation in Technikkontroversen. Baden-Baden

Lankenau K, Zimmermann G (1995[4]) Sozialer Konflikt. In: Schäfers, B. [Hrsg.]: Grundbegriffe der Soziologie. Opladen. S. 160-163

Lazar S (2001) Bewohnte Altlasten als interdisziplinäres Problemfeld. Rahmenbedingungen, Handlungsspielräume und Konfliktmanagement. Bodenschutz und Altlasten 10. 450 S.

Lehnes P (1996) Umweltziele als Grundlage der Umweltschadensbewertung. Bochum

Machtolf M et al (1997) Bürgerinformation und -beteiligung bei der Altlastensanierung. In: Altlasten-Spektrum 1. S. 26-31

Mussel C, Schrader C (1994) Beiräte als gesetzliches Instrument der Altlastensanierung. Erste Erfahrungen mit dem Projektbeirat Wohnpark Empelde im Lichte des § 19c des NAbfG. In: Niedersächsischer Städtetag 11. S. 277-279

Ossenbrügge J (1993) Umweltrisiko und Raumentwicklung. Wahrnehmung von Umweltgefahren und ihre Wirkung auf den regionalen Strukturwandel in Norddeutschland. Berlin, Heidelberg

Prittwitz V von (1994) Politikanalyse. Opladen

Reuber P (1999) Raumbezogene politische Konflikte. Geographische Konfliktforschung am Beispiel von Gemeindegebietsreformen. Stuttgart

Rohe K (1978) Politik: Begriffe und Wirklichkeiten. Stuttgart. S. 2-82

Sabatier P A (1993) Advocacy-Koalitionen, Policy-Wandel und Policy-Lernen: Eine Alternative zur Phasenheuristik. In: Héritier, A. [Hrsg.]: Policy-Analyse - Kritik und Neuorientierung. Opladen. S. 116-148

Schubert K (1991) Politikfeldanalyse. Eine Einführung. Opladen

Schwarz G (1996) Konfliktmanagement. Sechs Grundmodelle der Konfliktlösung, Wiesbaden

Simmleit N, Ernst A (1994) Handbuch: Kommunales Altlastenmanagement – Ein praktischer Leitfaden – Orientierungshilfe zum verträglichen Umgang mit Altlasten. Berlin

Striegnitz M (1993) Konfliktregelung durch Mediation – Erfahrungsbericht Münchehagenausschuß. In: Franzius, V. [Hrsg.] Sanierung kontaminierter Standorte 1993. Berlin. S. 135-145

Valsangiacomo A (1998) Ist Geographie per se interdisziplinär? In: Rundbrief Geographie 149. S. 30-31

Weidner H, Fietkau H-J (1995) Umweltmediation. Erste Ergebnisse aus der Begleitforschung zum Mediationsverfahren im Kreis Neuss. In: Zeitschrift für Umweltpolitik 4. S. 451-480

Werlen B (1995) Landschaft, Raum und Gesellschaft. Entstehungs- und Entwicklungsgeschichte wissenschaftlicher Sozialgeographie. In: Geographische Rundschau 47 (9) S. 724-729

Wiedemann P M (1993) Tabu, Sünde, Risiko: Veränderungen der gesellschaftlichen Wahrnehmung von Gefährdungen. In: Bayrische Rückversicherung [Hrsg.]: Risiko ist ein Konstrukt. München. S. 43-67

Wiedemann P M, Femer S, Hennen L (1991) Bürgerbeteiligung bei entsorgungswirtschaftlichen Vorhaben. Analyse und Bewertung von Konflikten und Lösungsstrategien. Berlin

Wirth E (1979) Theoretische Geographie. Grundzüge einer theoretischen Kulturgeographie. Stuttgart

Das Methodenmanagementsystem im Niedersächsischen Bodeninformations-system NIBIS

Hans J. Heineke, Hans-Ulrich Bartsch, Jan Sbresny
und Udo Müller

Im Rahmen von Planungsentscheidungen werden zunehmend für die Bereiche Boden- und Naturschutz, Raumordnung und Landesplanung, Agrarplanung und Grundwasserschutz Bodeninformationen für unterschiedliche Planungsebenen nachgefragt.

Zur systematischen Nutzung von vorliegenden Daten und Methoden wurden in den letzten Jahren Bodeninformationssysteme entwickelt. In Niedersachsen ist eine Analyse mit dem Ziel erstellt worden, den aktuellen Bedarf an bodenkundlichen Daten und Methoden in Ministerien, Behörden und bei privaten Nutzern zu erfassen. Daraus geht hervor, dass Bodeninformationen auf drei Planungsebenen nachgefragt werden. Diesen Planungsebenen können Planungsverfahren zugeordnet werden.

Die inhaltliche Gestaltung der Planungsinstrumente macht es notwendig, dass die Planungsverfahren in der Regel ressortübergreifend bearbeitet werden. So können unterschiedliche fachliche Aspekte berücksichtigt werden. Was nun die bodenkundlichen Fachbeiträge in verschiedenen Programmen und Fachplanungen betrifft, wird angestrebt, nach diesem Verfahren zu arbeiten und in enger Abstimmung mit dem Planungsträger den Teilbetrag zu konkretisieren und einen Leitfaden zu erstellen, nach dem zukünftig vorgegangen werden kann.

1 Einleitung

Die im Rahmen von Planungsentscheidungen und für Einzelberatungen an die bodenkundlichen Dienste gestellten Anforderungen steigen u.a. vor dem Hintergrund der zu erwartenden neuen gesetzlichen Regelungen zum Bodenschutz in zunehmenden Maße (Fieber, Kues und Oelkers 1993). Vor allem für die Bereiche Boden- und Naturschutz, Raumordnung und Landesplanung, Agrarplanung und Grundwasserschutz werden qualifizierte Bodeninformationen für unterschiedliche Planungsebenen benötigt (Steiniger und Müller 1993, NDS. GVBL Nr. 16 1994, Kühner 1996, Sächsisches Landesamt für Umwelt und Geologie 1994). Da die systematische Nutzung der vorliegenden Daten und Methoden manuell nicht zu leisten ist, werden zu diesem Zweck in den Bundesländern Bodeninformationssysteme entwickelt. In ihnen werden für raum- und bodenbezogene Fachplanungen Daten und Methoden zusammengeführt, zugriffsbereit gehalten und regelmäßig aktualisiert. Als Beispiel für die Entwicklungen wird im folgenden auf das Niedersächsische Bodeninformationssystem NIBIS (Heineke 1991; Heineke, Filipinski und Dumke 1995; Heineke, Eckelmann 1998) und seine möglichen Einsatzbereiche näher eingegangen. In dieses System wurden in großem Umfang alle wesentlichen geowissenschaftlichen Informationen, sei es durch Erhebung aus vorliegenden Unterlagen oder durch Neuerhebung, integriert. Da Daten allein kein Informationssystem ausmachen, sind ferner die für die Nutzung der Datenbasis notwendigen und z.Z. verfügbaren Auswertungsmethoden in einer Methodenbank abgelegt (Müller, Degen und Jürging 1992).

Bodeninformationen für Planungsebenen

Integration aller wesentlichen geowissenschaftlichen Informationen

Methodendatenbank

Die Berücksichtigung bodenkundlicher Belange in den verschiedenen Planungs- und Genehmigungsverfahren bedeutet ferner, eine Abstimmung fachlicher Anforderungen für die Bereitstellung der entsprechenden Bodeninformationen in den jeweiligen Fachplanungen vorzunehmen (z.B. NDS. VBL Nr. 16 1994, Sächsisches Landesamt f. Umwelt u. Geologie 1994, Umweltministerium Baden-Württemberg 1995). Für die Planungsbereiche Raumordnungsverfahren, Trinkwasserschutz und Agrarstrukturplanung werden dazu Beispiele aufgeführt.

2 Das Niedersächsische Bodeninformationssystem NIBIS im Überblick

Um rechtzeitig und sicher Entscheidungen zur Vermeidung und Minimierung von Belastungen des Bodens beziehungsweise zur Sanierung bereits eingetretener Schäden treffen zu können, müssen die Informationsgrundlagen möglichst vollständig, zeitgerecht und kostengünstig bereitgestellt werden. Die notwendigen Voraussetzungen für eine zeitnahe Bereitstellung der Informationen von der Landesebene bis zur einzelnen Parzelle sind durch Aufbau des digitalen Informationssystems NIBIS geschaffen worden. Wesentliches Merkmal dieses Systems ist seine Nutzerorientierung und Einsatzflexibilität. Die Informationsbereitstellung wird ständig an den fachlichen Notwendigkeiten ausgerichtet.

NIBIS ist
nutzerorientiert

2.1 Konzeption

vgl. Abbildung 1,
nächste Seite

Das NIBIS setzt sich entsprechend einer bundesweit abgestimmten Konzeption aus mehreren Fachinformationssystemen (Abb. 1) zusammen, die die Bereiche

- geowissenschaftliche Grundlagen,

- anthropogene Einwirkungen auf den Boden sowie

- Naturschutz und Landschaftspflege

abdecken. In dem gezeigten Verbund nimmt das Fachinformationssystem Boden (FIS BODEN) im Bereich geowissenschaftliche Grundlagen eine zentrale Stellung ein.

Fachinformations-
system Boden

Der Aufbau des NIBIS FIS-BODEN orientiert sich am Informationsbedarf für die notwendigen Maßnahmen zum Bodenschutz, der zu Beginn der Aufbauphase durch eine Bedarfsanalyse bei den Dienststellen des Landes ermittelt wurde. Das NIBIS FIS-BODEN wurde dementsprechend im wesentlichen auf die Erfüllung folgender Funktionen ausgelegt:

- digitale Erfassung und flächendeckende Bereithaltung aller Informationen unterschiedlicher Maßstabsbereiche, einschließlich der Möglichkeit der laufenden Fortführung;

- gemeinsame und variable Weiterverarbeitung aller Daten;

- problem- und benutzerbezogene Auswertung mit unterschiedlichen Darstellungsmöglichkeiten der Ergebnisse unter Berücksichtigung des jeweils aktuellen bodenkundlichen Wissensstandes.

Die zur Realisierung dieser Zielsetzungen notwendige Entwicklung fachlich-bodenkundlicher und DV-technischer Verfahren ist unter Federführung des Niedersächsischen Landesamtes für Bodenforschung – Abteilung Bodenkunde – auf Landes- und Bundesebene abgestimmt; sie entspricht einer Empfehlung der Umweltministerkonferenz aus dem Jahre 1994 (Ad-Hoc-AG Kernsysteme und Methodendatenbanken 1994 a+b).

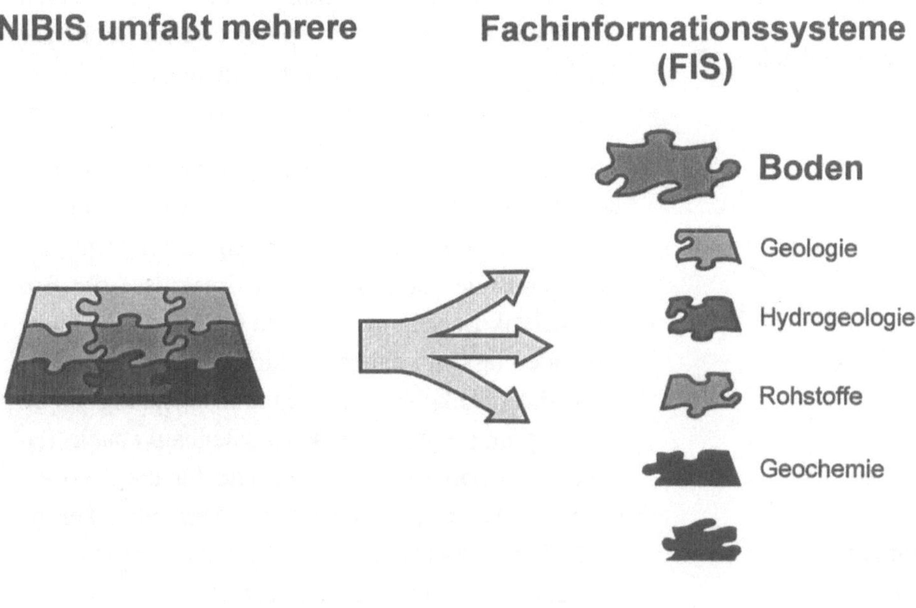

Abbildung 1.
Struktur des NIBIS

2.2 Inhalte des NIBIS FIS-BODEN

In den folgenden Betrachtungen steht das Fachinformationssystem Boden des NIBIS im Mittelpunkt. Der Aufbau der Böden sowie ihre räumliche Verteilung wird von den bodenbildenden Faktoren Ausgangsgestein, Klima und Relief gesteuert. Die Verbreitung der Böden und ihr Aufbau wird über punktuelle Geländeerhebungen ermittelt, die Vergesellschaftung der Böden wird in Karten unterschiedlicher Maßstäbe dargestellt. Die Elemente dieser Bodenkarten bilden die Flächendatenbank.

Labordatenbank

Eine repräsentative Teilmenge dieser punktuellen Geländeerhebungen wird beprobt und im Labor zur Ermittlung der Bodeneigenschaften analysiert. Diese Elemente bilden die Labordatenbank.

Wiederum eine Teilmenge dieser beprobten Flächen wird für die Ermittlung von langfristigen Bodenveränderungen zur Dauerbeobachtung ausgewählt. Da sich durch die Auswertung der Ergebnisse der Bodenanalytik Beziehungen zu den Geländeerhebungen herstellen lassen, können letztlich die Ergebnisse der Labordatenbank und der Dauerbeobachtung durch Verknüpfung mit der Flächendatenbank auch flächenmäßig dargestellt werden. Die für die Auswertung der Datenbasis notwendigen Methoden werden nach ihrer Entwicklung und Erprobung im Rahmen von Labor-, Gefäß- und Feldversuchen in einheitlich strukturierter Form in einer Methodensammlung dokumentiert und stehen nach digitaler Umsetzung in der Methodenbank des NIBIS FIS-BODEN für Auswertungen zur Verfügung. Die Methodenbank stellt die fachlich korrekte Verbindung von Daten und Methoden sicher. Die Tabelle 1 zeigt die derzeit verfügbaren Daten und Methoden.

Einheitlich strukturierte Methodensammlung

vgl. Tabelle 1, nächste Seite

Tabelle 1.

Inhalte des NIBIS FIS-BODEN (Stand 1999)

Flächendatenbank		
Datenbestand	**Nutzung für**	**Flächendeckung** (digital vorliegend)
Bodenübersichtskarten i.M. 1:500.000 (BÜK 500)	landesweite Übersichten	100 %
1:200.000 (BÜK 200)	landesweite Übersichten	100 %
1:50.000 (BÜK 50)	Planungen/Auswertungen auf Regional- und Kreisebene	100 % - verfügbar auf CD-ROM
Bodenkarte i.M. 1:25.000	Planungen/Auswertungen auf Regional- und Kreisebene	40 %
Bodennutzung aus historischen topographischen Karten	Planungen/Auswertungen auf Regional- und Kreisebene	35 %
Forstliche Standortkarte i.M. 1:10.000 (Staatsforst)	Planungen in Parzellenschärfe	100 %
Bodenkarten 1.M. 1:5000	Planungen in Parzellenschärfe	65 %
Klimaräume i.M. 1:200.000	Zusatzdaten zur Standortcharakterisierung	100 %
Klimadaten der Wetterstationen des Deutschen Wetterdienstes	Zusatzdaten zur Standortcharakterisierung	100 %
Labordatenbank / Bohrdatenbank		
Datenbestand	**Nutzung für**	**Umfang** (digital vorliegend)
Labordaten Bodenproben	Basis für Modellentwicklung, Modelleichung	ca.100.000 Proben
Profilbeschreibungen	Basis für Modellentwicklung, Modelleichung, parzellenscharfe Aussagen	ca. 600.000 Profile
Daten aus Bodendauerbeobachtungsflächen	Basis für Modellentwicklung, Modelleichung, parzellenscharfe Aussagen, Standortentwicklung	70 Flächen
Daten aus dem Feldversuchswesen	Basis für Modellentwicklung, Modelleichung, parzellenscharfe Aussagen, Standortentwicklung und Bodennutzungsalternativen	31 Feldversuche
Methodenbank		
Methodenbestand	**Nutzung für**	**Umfang** (digital vorliegend)
80 Module	Auswertungen für verschiedenste Zwecke und Maßstabsbereiche in Verwaltung, Wirtschaft, Verbänden, etc.	80 Module

2.3 Nutzung des NIBIS FIS-BODEN

Das Informationsangebot des NIBIS FIS-BODEN orientiert sich entsprechend der Ergebnisse der o.g. Umfrage bei potentiellen Nutzern an deren Bedürfnissen und Rahmenbedingungen. Im einzelnen bedeutet dies, dass das NIBIS FIS-BODEN Daten und Auswertungen für die nachhaltige und umweltverträglichen Bodennutzung sowie für den Boden- und Moorschutzes vorhält.

Diese Informationen werden im Rahmen der

- Landesplanung,

- Naturschutz- und Landschaftsplanung Land- und forstwirtschaftlichen Bodennutzung,

- Agrarstruktur,

- Wasserwirtschaft,

- Kreislauf- und Abfallwirtschaft,

- Bodensanierung und Regeneration

angewendet.

Für die Nutzung durch Dritte ermöglicht das NIBIS FIS-BODEN folgende technische Alternativen (3-Stufigkeit der Nutzung):

- Bereitstellung von Bodenkarten, Auswertungskarten und Datenbankauszügen

  - in gedruckter Form,

  - auf Datenträgern in unterschiedlichen Formaten;

- Bearbeitung von Auswertungen als Auftragsarbeiten, ggf. inkl. Erarbeitung neuer Methoden;

- Nutzung der Daten und Methoden des NIBIS FIS-BODEN durch die Nutzer über Online-Dienste im Internet (verfügbar ca. ab 2001).

Bei komplexen Fragestellungen, wie z.B. der Bereitstellung von bodenkundlichen Grundlagen für die landwirtschaftliche Zusatzberatung in Trinkwasserschutzgebieten, werden Kooperationsverfahren zwischen den beteiligten Partnern, in diesem Fall der Wasserwirtschaftsverwaltung, der Wasserwirtschaft, der Landwirtschaft, den Ing.-Büros und dem NLfB entwickelt, auf deren Basis gleichartige Projekte/Aufträge dann auch durch Dritte, unter Nutzung der Daten und Methoden des NIBIS FIS-BODEN, abgewickelt werden können. Durch diese Abstimmung wird eine landesweite Vergleichbarkeit der Arbeiten gewährleistet. Im folgenden wird auf diese Zusammenarbeit und Kooperationen eingegangen.

Kooperation mit anderen Partnern/Behörden

Die Informationen werden auf Anfrage abgegeben. Die Kosten dafür lassen sich hier wg. des Umfanges der verschiedenen Möglichkeiten der Datenabgabe nicht darstellen und sind in einer Preisliste für die Abgabe von digitalen Daten geregelt. So kostet der komplette Datensatz einer Bodenkarte i.M. 1:50.000 DM 800,00. Der Ausdruck einer Karte kostet dagegen nur DM 50,00. Die möglichen Auswertungen auf Grundlage der Methodenbank werden entsprechend des entstehenden Aufwandes nach der Gebührenordnung des NLfB abgerechnet. Die nachfolgend beschriebenen Beispiele machen die vielfältigen Möglichkeiten deutlich. Die komplette Preisliste findet sich im Internet. Da für die Zukunft geplant ist, das komplette System im Internet anzubieten, wird die bestehende Regelung allerdings nicht aufrechtzuerhalten sein. An einer generellen Regelung zum sog. e-commerce wird im NLfB z.Z. gearbeitet.

URL: www.nlfb.de/N2/TEXT/kosten.htm

3 Gegenwärtig unterstützte Planungsverfahren und bodenkundliche Fachbeiträge

vgl. Tabelle 2, nächste Seite

Anwendungsleitlinien

vgl. Tabelle 3, übernächste Seite

vgl. Tabelle 4, übernächste Seite

Bodeninformationen für Fachplanungen zum Bodenschutz werden auf Landesebene im wesentlichen auf drei Planungsebenen nachgefragt (Tab. 2). Diesen Planungsebenen können Planungsverfahren, deren Ausgestaltung hinsichtlich Bodenschutz länderspezifisch geregelt ist (z.B. Sächsisches Landesamt für Umwelt und Geologie 1994, Umweltministerium Baden-Württemberg 1995), zugeordnet werden (Tab. 2, Bsp. Niedersachsen). In den jeweiligen Planungsverfahren niedersächsischer Gesetze und Verordnungen werden verschiedene bodenkundliche Informationen benötigt (NDS. GVBL Nr. 16 1994, NLVWA 1989, NMELF 1991). Die Leitlinien für die Anwendung z.B. in der niedersächsischen Agrarstruktur- und Naturschutzverwaltung werden z.Zt. überarbeitet, wobei bodenkundliche Aspekte eine stärkere Berücksichtigung finden sollen. Den Planungsverfahren lassen sich thematische Auswertungsbereiche für bodenkundliche Teilbeiträge zuordnen (Tab. 3). Im wesentlichen geht es um Darstellung bodenkundlicher Grundlagendaten und die Bewertung von Potentialen und Empfindlichkeiten hinsichtlich stofflicher Belastbarkeit, Substanz- und Strukturbeeinträchtigung, Bewirtschaftung und allgemeine Standortbewertungen (Tab. 4) (Müller et al. 1992; NLÖ und NLfB 1996). Die inhaltliche Gestaltung der Planungsinstrumente macht es notwendig, dass die Planungsverfahren in der Regel ressortübergreifend bearbeitet werden.

Tabelle 2.

Planungsverfahren und Planungsebenen

Gesetzlicher Rahmen	obere Planungsebene	mittlere Planungsebene	untere Planungsebene
Landesplanung NROG	LROP	RROP	FNP B-Plan
Naturschutz NNatG	Landschaftsprogramm	Landschaftsrahmenplan	Landschaftsplan Grünordnungsplan NSG-Ausweisung LSG-Ausweisung
BauGB			Bauleitplanung
Bodenschutz EBodSchG Wasserschutz NWG	untergesetzl. Regelwerke wasserwirtschaftlicher Rahmenplan	untergesetzl. Regelwerke Wasserrechtsverfahren	untergesetzl. Regelwerke Schutzbestimmungen landw. Zusatzberatung Schutzgebietsausweisung
Düngeverordnung SchuVo Gülleverordnung			Ausführungsbestimmungen
GAKG FlurbG	Flurbereinigungsprogramm	Agrarstrukturelle Vorplanung Agrarstrukturelle Entwicklungsplanung	Agrarstrukturplanung Flurbereinigungsverfahren Planfeststellung
NAbfG, BImschG TASi		Deponieleitplanung Bezirksabfallplan	Deponieplanung Sanierung Altlasten
Umweltverträglichkeitsprüfung UVPG	Umweltverträglichkeitsstudien (UVS)	Umweltverträglichkeitsstudien (UVS)	Umweltverträglichkeitsstudien (UVS)

NROG=Nieders. Raumordnungsgesetz, NNatG=Niedes. Naturschutzgesetz, BauGB=Baugesetzbuch, NWG= Nieders. Wassergesetz, SchVo=Schutzgebietsverordnung, NAbfG=Nieders. Abfallgesetz, BImsch=Bundesimmissionsschutzgesetz, EBodschG=Entwurf z. Bodenschutzgesetz, TASi=techn. Anleitung Abfall, UVP=Umweltverträglichkeitsprüfung, LROP=Landesraumordnungsprogramm, RROP=Regionales Raumordnungsprogramm, FNP=Flächennutzungsplan, B-Plan=Bebauungsplan, NSG=Naturschutzgebiet, LSG=Landschaftschutzgebiet, GAKG=Gesetz über die Gemeinschaftsaufgabe "Verbesserung der Agrarstruktur und des Küstenschutzes", FlurbG=Flurbereinigungsgesetz

Tabelle 3.

Themenbereiche bodenkundlicher Auswertung und Zuordnung zu Fachplanungen

	Stoffliche Belastung	Substanz- und Strukturbeeinträchtigung	Bewirtschaftung/ Versiegelung	Standortbewertung/Bodeneingriffe
LROP	*	*	*	
RROP	*	*	*	*
FNP	*	*	*	*
B-Plan	*	*	*	
Landschaftsprogramm			*	*
Landschaftsrahmenplan			*	*
Landschaftspläne			*	*
NSG-Ausweisung	*	*	*	*
LSG-Ausweisung			*	*
Bauleitplanung	*	(*)	*	
Bodenschutz	*	*	*	*
Wasserwirtschaftlicher	*		*	
Rahmenplan	*		*	*
Schutzbestimmungen				
Düngeverordnung	*		*	
Agrarplanung	*	*	*	*
Forstplanung		*	*	*
Flurbereinigung		*	*	*
Agrarstruktur	*	*	*	*
Deponieplanung	*			*
Altlasten	*			*

Tabelle 4.

Ebenen und Instrumente der Agrarstrukturplanung

Flurbereinigungs- programm	**Agrarstrukturelle Entwicklungsplanung**	**Flurbereinigung**
festlegen von:	aufzeigen von:	durchführen von:
♦ Zielen und Schwerpunkten der Flurbereinigung ♦ landesweite Maßnahmenplanung	♦ Konfliktbereichen ♦ Entwicklungsmöglichkeiten ♦ Entscheidungsbedarf	♦ Verbesserung der Agrarstruktur u. Förderung der allgemeinen Landeskultur und Landentwicklung
obere Planungsebene	*mittlere Planungsebene*	*untere Planungsebene*

Dies gilt vor allen für die räumliche Gesamtplanung (Kühner 1996). So werden unterschiedliche fachliche Aspekte berücksichtigt. Die Verfahrensweise und die Inhalte sollten bei wiederkehrender Fragestellung exemplarisch dokumentiert werden, um eine gleichgerichtete Nachvollziehbarkeit und Vergleichbarkeit zu gewährleisten (Abb. 2). Hierzu gibt es in den Bundesländern unterschiedlich weit formulierte Anforderungskataloge (siehe z.B. Sächsisches Landesamt für Umwelt und Geologie 1994, Umweltministerium Baden-Württemberg 1995). Zu bodenkundlichen Fachbeiträgen in Raumordnungsverfahren und im Rahmen der Grundwasserschutzes wurde in Niedersachsen der bodenkundliche Fachbeitrag konkretisiert und die abgestimmte Vorgehensweise festgelegt (NDS. GVBL Nr. 16 1994, Kues, Billerbeck und Stelzer 1995). Durch Kooperationsmodelle und Mehrfachnutzung von bodenkundlich relevanten Informationen können die Kosten gegenüber herkömmlichen Vorgehensweisen deutlich gesenkt werden.

Raumordnungsverfahren und Grundwasserschutz

Kostensenkung durch Kooperation

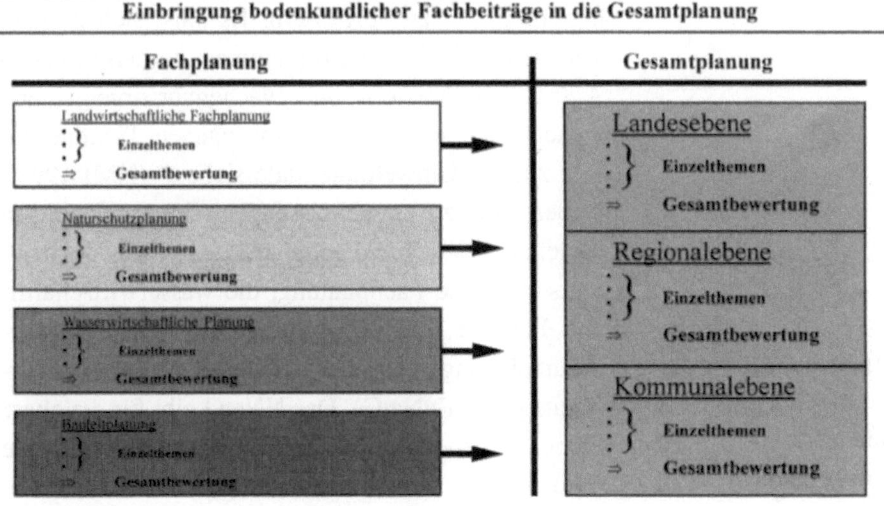

Abbildung 2.
Fachbeiträge und Gesamtplanung

3.1 Fachanwendung Raumordnungsverfahren

Ziel der Raumordnung ist es, die Raumbeanspruchung durch verschiedene Nutzer zu koordinieren, wobei alle raumrelevanten Nutzungen zu berücksichtigen und gegeneinander abzuwägen sind. Die Raumordnung legt die räumliche Struktur fest, die für die jeweiligen Planungsräume der unterschiedlichen Planungsebenen für die Zukunft angestrebt wird. Aufgabe der Landesplanung ist es, diese Strukturen zu verwirklichen. Dabei hat der Bodenschutz einen breiteren Raum eingenommen. Hierbei soll sich der nachhaltige Schutz der Böden nicht nur auf „seltene" Böden und „belastete" Böden (Beseitigung erheblicher Bodenbelastungen) beschränken, sondern hat im Rahmen des Vorsorgeprinzips flächendeckend zu erfolgen (NMI 1994). Nach dem Niedersächsischen Landesraumordnungsprogramm (LROP) soll „dem Vorsorgeprinzip im Umweltschutz ... stärkeres Gewicht beigemessen werden". Das LROP als Rahmengesetz soll dazu beitragen „die räumlichen Voraussetzungen für die ökologische Umorientierung ..." zu verbessern. Es „löst sich deshalb von den in früheren Programmen vorherrschenden Ansatz der Standort- und Flächenvorsorge ... und wendet sich einem umweltbezogenen Planungsansatz zu, der Umweltpotentiale sichert" (NMI 1994). Neben den zusammenfassenden Gesamtplanungen bestehen besondere Fachplanungen, z.B. die landwirtschaftliche Fachplanung, die wasserwirtschaftliche Planung und die Landschaftsplanung (Naturschutzplanung) nach dem Niedersächsischen Naturschutzgesetz (NNatG). Das NNatG gibt für die obere Planungsebene das Landschaftsprogramm, für die mittlere den Landschaftsrahmenplan und für die untere Landschafts- und Grünordnungspläne vor.

Die Ergebnisse der Fachplanungen (z.B. Agrarplanung, Landschaftsplanung) fließen dann wieder in die zur Raumordnung gehörenden Programme und Pläne ein.Ziele der Raumordnung hinsichtlich Bodenschutzzielen sind die Darstellung von Bodenfunktionen und Bodenpotentialen zur Ausweisung von Vorrang – und Vorsorgegebieten für unterschiedliche Nutzungen. Bei den Vorranggebieten besteht ein Vereinbarkeitsgebot (Sicherungsaspekt), bei den Vorsorgegebieten ein Abstimmungsgebot. Ziel dieser Ausweisungen ist es, Konflikte zwischen konkurrierenden Nutzungsansprüchen zu reduzieren. Als Vorranggebiete in Niedersachsen sind festgelegt: Gebiete für Natur- und Landschaft, Grünlandbewirtschaftung, Trinkwassergewinnung, Rohstoffgewinnung. Vorsorgegebiete sind für Landwirtschaft, Forstwirtschaft, Natur und Landschaft, Erholung, Rohstoffgewinnung, Grünlandbewirtschaftung und Trinkwassergewinnung festgelegt. Für die Erstellung der Raumordnungsprogramme auf unterschiedlichen Planungsebenen sollten für die Berücksichtigung des Bodenschutzes Bodeninformationen zur Ableitung von Bodenfunktionen und Bodenpotentialen herangezogen werden. Hierzu gibt es in einigen Bundesländern Leitfäden für die Umsetzung in Fachplanungen (Sächsisches Landesamt für Umwelt und Geologie 1994, Umweltministerium Baden-Württemberg 1995, NMELF 1991) In Niedersachsen fließen z.Z. Bodeninformationen für die Ausweisung von Vorsorgegebieten für die Landwirtschaft auf unterschiedlichen Planungsebenen in die Fachplanungen ein. Ein mit den Planungsträgern der Raumordnung und des Naturschutzes abgestimmter Leitfaden ist in Vorbereitung.

Vereinbarkeits- und Abstimmungsgebot

Ableitung von Bodenfunktionen und -potentialen

3.2 Fachanwendung Trinkwasserschutz

Der Wasserbedarf für die öffentliche Wasserversorgung wird in Niedersachsen zu ca. 87 % aus dem Grundwasser gewonnen. Die Vorrang- und Vorsorgegebiete für die Trinkwassergewinnung werden im Landesraumordnungsprogramm ausgewiesen. Sie nehmen ca. 680.000 ha mit überwiegend land- und forstwirtschaftlicher Nutzung ein (NMI 1994). Aufgrund der intensiven Bodennutzung und der Stoffeinträge über den Luftpfad ist mit zunehmender Schadstoffbelastung des Grundwassers zu rechnen (Strebel, Duijnisveld und Böttcher 1989). Um die rechtlichen und ökonomischen Rahmenbedingungen für vorbeugenden standortbezogenen Grundwasserschutz zu schaffen, wurde das Niedersächsische Wassergesetz novelliert (NDS. GVBL Nr. 24 1992) und die Schutzbestimmungen der Schutzgebietsverordnung (SchuVO) erweitert (NDS. GVBL Nr. 11 1995). Ein wesentliches Instrument ist das Wasserentnahmegeld, aus dem eine standortbezogene landwirtschaftliche Zusatzberatung und Ausgleichszahlungen finanziert werden. Hierfür werden bodenkundliche Informationsgrundlagen im Rahmen eines Kooperationsmodells bereitgestellt. Das Niedersächsische Landesamt für Bodenforschung (NLfB) stellt hierbei nach Auftragserteilung durch das zuständige Staatliche Amt für Wasser und Abfall (StAWA) im Rahmen einer bodenkundlichen Vorstudie Bodendaten bereit und erstellt Karten zur Nitratauswaschungsgefährdung (Kues, Billerbeck und Stelzer 1995) (Abb. 3).

Rahmenbedingungen
für Grundwasserschutz

vgl. Abbildung 3,
nächste Seite

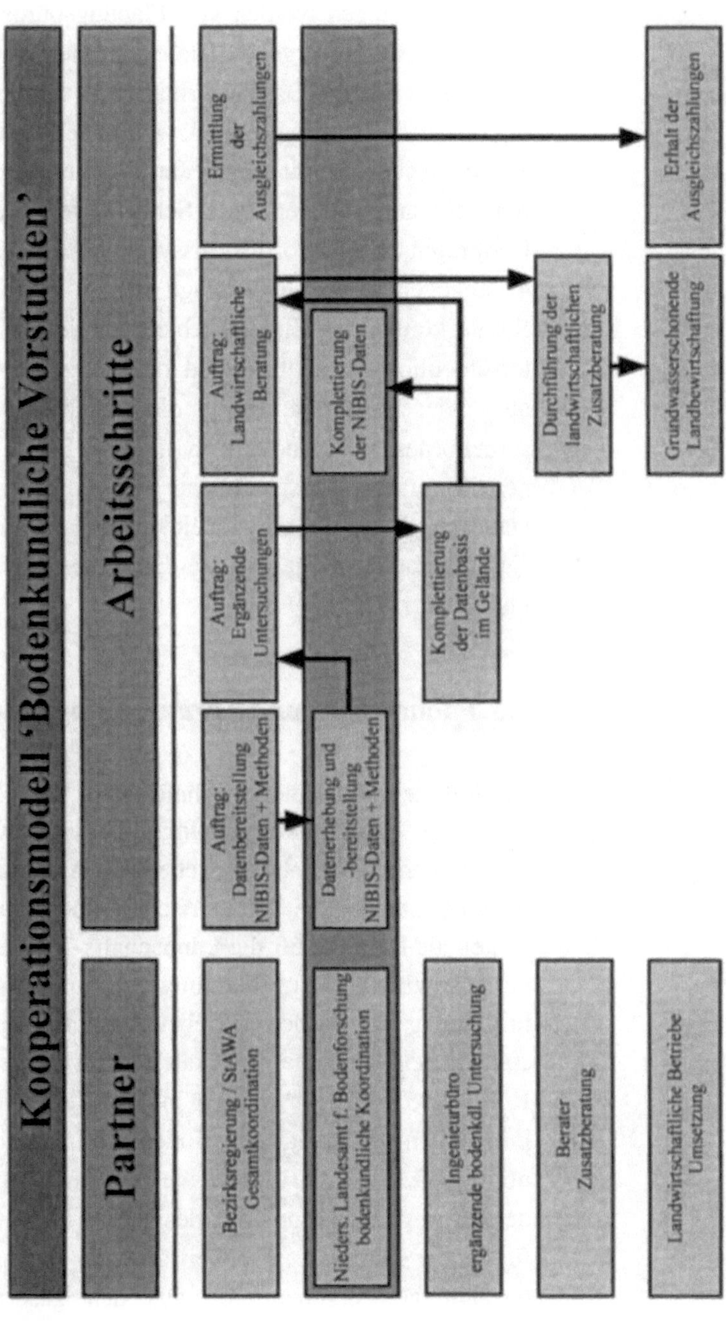

Abbildung. 3.
Kooperationsmodell

Diese Unterlagen werden von Planungsbüros durch Nachkartierungen ergänzt. Die ermittelten Ergebnisse sowie Teile der Basisinformationen werden auch digital an die Auftraggeber bzw. die Ingenieurbüros zur Weiterverarbeitung und Verknüpfung mit anderen relevanten Daten, z.B. Schlagkarteien u.ä. in Geographischen Informationssystemen (siehe Abb. 4) abgegeben. Auf Grundlage der so erarbeiteten Studie können im Einzugsgebiet Teilareale mit unterschiedlichen Handlungsbedarf in Parzellenschärfe ausgewiesen werden. Durch die zuständigen Wasserbehörden und landwirtschaftlichen Berater können somit standortspezifische und kostengünstige Handlungskonzepte entwickelt und im Rahmen der Zusatzberatung umgesetzt werden (Kues, Billerbeck und Stelzer 1995).

Ausweisung von Teilarealen in Parzellenschärfe

3.3 Fachanwendung Agrarstrukturplanung

Im Rahmen der landwirtschaftlichen Fachplanung stellt die Agrarstrukturplanung eine eigenständige Fachplanung dar (Tab. 4). Neben der Agrarstrukturplanung stehen die landwirtschaftlichen Fachgutachten als Beiträge für die Landschafts- u. Raumplanung sowie für Einzelberatungen. Die Agrarstrukturplanung muss neben betriebswirtschaftlichen auch standörtliche Belange berücksichtigen (Thöne 1996, Kohl 1995). Hierfür werden in Form eines bodenkundlichen Fachbeitrages Bodeninformationen benötigt (NMELF 1991). Die Nutzungsmöglichkeiten der Informationsgrundlagen des NIBIS FIS-BODEN für bodenkundliche Fachbeiträge bei Agrarstrukturplanungen ergeben sich aus den gesetzlichen Zielvorgaben und deren Einordnung in die jeweilige Planungsebene.

vgl. Tabelle 4, Seite 70

Tabelle 5.

Der Bedarf bodenkundlicher Planungsgrundlagen für den Aufgabenbereich der Agrarstrukturplanung

Gesetzliche Rahmenbedingungen und Planungsinstrumente – Agrarstrukturplanung	Planungsebenen, Maßstabsbereiche und Datenbasis	Themenschwerpunkte für bodenkundliche Auswertungen	Beispiele für die Bereitstellung einzelner Auswertungsmethoden (NIBIS FIS-BODEN)
Gesetz über. die Gemeinschaftsaufgabe "Verbesserung der Agrarstruktur u. des Küstenschutzes" (GAKG); FlurbG; ROG; UVPG; BNatSchG; NNatG; u.a.	<u>Mittlere:</u> 1:50.000 / 1:25.000 BÜK50 BK25 GK25	Stoffliche Belastungen Substanz- u. Strukturbeeinträchtigungen	Organika, Schwermetalle, Nitratauswaschung Erosion, Verschlämmung, Verdichtung
Agrarstrukturelle Entwicklungsplanung (AEP)			
FlurbG; "Leitlinie Naturschutz"; NNatG; UVPG; u.a.	<u>Untere:</u> 1:10.000 / 1:5.000	Standortbewertung	Sickerwasserrate, Ertragspotential, Biotopentwicklungspotential
Flurbereinigungsverfahren (insbes. Plan nach §41 FlurbG)	Bodenschätzung (i.M. 1:5.000)	Bewirtschaftung	Beregnung, Bearbeitung

vgl. Tabelle 5,
vorherige Seite

Flurbereinigung
und Schutzgüter

Differenzierte
Aussagen durch
Verbundmethoden

Für die Maßnahmen der Flurbereinigung ist die Notwendigkeit bodenkundlicher Fachbeiträge auf der mittleren (Agrarstrukturelle Entwicklungsplanung/AEP) und besonders der unteren Planungsebene (Flurbereinigungsverfahren) gegeben (Tab. 5). Hieraus lassen sich auch die Themen der benötigten Auswertungsmethoden und die für die Fragestellung notwendige Datenbasis ableiten. Die Flurbereinigung als das Planungsinstrument des ländlichen Raumes muss die räumlichen und standörtlichen Schutzgutausprägungen erfassen und auf dieser Grundlage regional differenzierte Entwicklungsziele definieren (Thöne 1996). Eine Bewertung des Schutzgutes Boden auf der Grundlage von Bodenschätzungsdaten als Basisinformation wurde beispielhaft für den Planungsprozess der Flurbereinigung durchgeführt. Über den Daten- und Methodenbestand des NIBIS FIS-BODEN wurden die naturräumlichen Voraussetzungen (boden- und ertrags kundliche Eigenschaften, Stoffflüsse u. a.) für eine ressourcenschonende Landnutzungsplanung anhand von thematischen Auswertungen abgeleitet und in Form von Planungskarten dargestellt. Für eine integrative Bewertung mehrerer thematischer Komplexe wurden die mit der Methodenbank des NIBIS FIS-BODEN (Müller, Degen und Jürging 1992) ermittelten Ergebnisse über Verbundmethoden oder Methodenverknüpfungen mittels Matrizen zu differenzierteren Aussagen generiert (Erdmann 1996). Die räumliche Ausweisung von Handlungsschwerpunkten durch die Aspekte „Empfindlichkeit" und „Schutzwürdigkeit" des Bodens soll die Ableitung von Flächenansprüchen zur Erhaltung oder Wiederherstellung der Leistungsfähigkeit des Naturhaushaltes unterstützen.

Als Zielkonzept wurden dabei die folgenden Schwerpunktbereiche für eine umfassendere bodenkundliche Bewertung festgelegt, wobei der Bewertungsschwerpunkt „Landwirtschaftlicher Vorrangflächen" anschließend kurz dargestellt wird:

- Flächen mit besonderer Bedeutung für den Bodenschutz,

- Flächen mit besonderer Bedeutung für den Grundwasserschutz unter Berücksichtigung der Filter- und Puffereigenschaften der Böden,

- Vorrangflächen für die Landwirtschaft mit Berücksichtigung der Filter- und Puffereigenschaften sowie der Substanz- und Strukturbeeinträchtigungen der Böden,

- Ermittlung standortbedingter ökologischer Potentiale für eine Umwidmung landwirtschaftlicher Nutzflächen.

Die Ermittlung „Landwirtschaftlicher Vorrangflächen" unter Berücksichtigung „standörtlicher Nutzungseinschränkungen" erfolgte durch die integrative Bewertung von Flächen mit hoher Bedeutung für die Landwirtschaft (mittleres bis hohes ackerbauliches Ertragspotential) in Verbindung mit Risikobereichen mit hoher Empfindlichkeit gegenüber Belastungen. Die Zielflächen wurden wie folgt definiert:

- Flächen mit sehr hoher Bedeutung für die Landwirtschaft (ohne Einschränkungen),

- Flächen mit hoher Bedeutung für die Landwirtschaft (ohne Einschränkungen),

- Flächen mit hoher bis sehr hoher Bedeutung für die Landwirtschaft, aber Vorsorgemaßnahmen für Grundwasser- und Bodenschutz erforderlich.

Für die Risikobereiche sind Vorsorgemaßnahmen für den Grundwasserschutz und den Bodenschutz erforderlich. Die Darstellung von Vorzugsflächen für die Landwirtschaft soll die landwirtschaftliche Nutzung nicht auf diese Flächen begrenzen, sondern den hohen Wert dieser Flächen für die landwirtschaftliche Nutzung und für den Landschaftshaushalt hervorheben. Bei der Inanspruchnahme landwirtschaftlicher Flächen durch Planungsmaßnahmen können die besonders schützenswerten Flächen durch die differenzierte Darstellung besser in den Planungsprozess einbezogen werden. Die Erarbeitung eines Kataloges über Anforderungen des Bodenschutzes bei der Durchführung von Planungsverfahren im Rahmen der Agrarstrukturplanung in Niedersachsen erfolgt zur Zeit in Zusammenarbeit mit den beteiligten Fachbehörden. In einem Leitfaden soll die Nutzung und Auswertung von Bodendaten (NIBIS FIS-BODEN) für die Planungsinstrumente der Agrarstrukturverwaltung aufgezeigt werden.

4 Ausblick

Durch mit den Planungsträgern abgestimmte Vorgehensweisen und Mehrfachnutzung bereits vorliegender bodenkundlicher Daten unter Nutzung des Niedersächsischen Bodeninformationssystems (NIBIS FIS-BODEN) lassen sich die zeitlichen und finanziellen Planungsaufwände deutlich vermindern. Da die Ausgabe der Planungskarten in Form von Kartenplots mit hinterlegter Rastertopographie sowie als digitaler Datensatz zur Weiterverarbeitung in anderen Geographischen Informationssystemen erfolgen kann, wird die Integration der digitalen Ergebnisse in den Verfahrensablauf der Planungsverfahren gewährleistet.

Die bodenkundlichen Fachbeiträge stellen dabei keine fertigen Handlungskonzepte dar; sie sollen vielmehr als eine Entscheidungshilfe für Planungsaussagen verstanden werden. Die Weiterverarbeitung der Basis- und Auswertungsdaten im fortschreitenden Planungsprozess wird durch die digitale Datenabgabe in verschiedenen Formaten (z.B. E00, DXF, TIFF) und die Möglichkeit der Einbindung der Bodendaten in die lokale Systeme der Planer z.B. in Desktop-GIS gewährleistet. Mittelfristig wird das NIBIS FIS-BODEN mit seiner Funktionalität im Internet verfügbar sein, womit der Zugriff auf Daten und Methoden vereinfacht wird. Die Beispiele machen deutlich, dass für fachbereichs- und flächenübergreifende Planungsverfahren im Rahmen eines vorbeugenden Bodenschutzes eine entsprechend zusammengeführte Informationsbasis, die alle bodenkundlich relevanten Daten und Methoden, als auch deren Interpretation enthält, erforderlich ist. Defizite bestehen vor allen in der Bewertung des gegenseitigen Abwägens einzelner Funktionen und Potentialen im Rahmen einer fachspezifischen Gesamtbewertung des betrachteten Planungsraums bzw. für Teilbereiche. Darüber hinaus müssen die bodenkundlichen Fachbeiträge der einzelnen Planungsinstrumente weiter konkretisiert werden (z.B. Sächsisches Landesamt für Umwelt und Geologie 1994, Kues, Billerbeck und Stelzer 1995). Wesentlich ist hierfür eine fachübergreifende Abstimmung der Inhalte und Aussagen von Fachplanungen zwischen den zuständigen Ministerien und Fachinstitutionen mit dem Ziel einer koordinierten Umsetzung und Integration von Belangen des Bodenschutzes in allen wesentlichen Fachplanungen und Planungsebenen.

5 Literatur

AD-HOC-AG KERNSYSTEME UND METHODENBANKEN (1994 a)
Aufgaben und Funktionen von Kernsystemen des Bodeninformationssystems als Teil von Umweltinformationssystemen. – Bodenschutz Heft 1: 59 S. – Hrsg.: Bund/Länder-Arbeitsgemeinschaft Bodenschutz; Karlsruhe

AD-HOC-AG KERNSYSTEME UND METHODENBANKEN (1994 b)
Aufgaben und Funktionen von Methodenbanken des Bodeninformationssystems als Teil von Umweltinformationssystemen. - Bodenschutz Heft 2: 36 S. – Hrsg.: Bund/Länder-Arbeitsgemeinschaft Bodenschutz; Karlsruhe

Erdmann K (1996) Ableiten von Planungskarten für eine landschaftsökologisch orientierte Flurbereinigung aus digitalen Bodendaten des NIBIS. Dipl. Arb. Geogr. Inst. Univ. Hannover (unveröffentlicht), Hannover, 120 S.

Fieber R, Kues J, Oelkers K-H (1993) Konzept zur Nutzung des Niedersächsischen Bodeninformationssystems (NIBIS) - Teil: Fachinformationssystem Bodenkunde (FIS Boden). - Geol. Jb. A 142; Hannover, 7-38

Heineke H J (1991) Zur Systemarchitektur des Niedersächsischen Bodeninformationssystems NIBIS, Teil: Fachinformationssystem Bodenkunde. - Geol.Jb., A 126: 47-57; Hannover

Heineke H J, Eckelmann W (1998) Development of Soil Information Systems in the Federal Republic of Germany - Status report. In: Land Information Systems: Developments for planning the suistainable use of land resources. - European Commission/Joint Research Centre (im Druck). - Ispra, Italien

Heineke HJ, Filipinski M, Dumke I (1995) Vorschlag zum Aufbau des Fachinformationssystems Bodenkunde - Profil-, Flächen- und Labordatenbank, Methodenbank. - Geol. Jb. F30; Hannover. - Schweizerbart´sche Verlagsbuchhandlung Stuttgart

Kohl A (1995) Agrarstrukturelle Vorplanung - ein Instrument zur Entwicklung ländlicher Räume. Z. f. Kulturtechnik u. Landentwicklung, 36, 227-229

Kues J, Billerbeck S, Stelzer R (1995) Nutzung des Niedersächsischen Fachinformationssystems Bodenkunde für die landwirtschaftliche Zusatzberatung im Rahmen des Grundwasserschutzes. Arbeitshefte Boden 1/1995, Hannover, 33-40

Kühner S (1995) Bodenschutz als Planungsaufgabe: die Weiterentwicklung der Raumordnung zu einer Bodenschutzplanung.- Dt. Univ. Verl. Wiesbaden, 310 S.

Müller U, Degen Ch, Jürging Ch (1992) Niedersächsisches Bodeninformationssystem NIBIS. Dokumentation zur Methodenbank des Fachinformationssystems Bodenkunde (FIS BODEN). – 5. Aufl., Techn. Ber. NIBIS, 3; Hannover. – Schweizerbart'sche Verlagsbuchhandlung Stuttgart

Steininger A, Müller U (1993) Bereitstellung von bodenkundlichen Planungsgrundlagen mit Hilfe eines Bodeninformationssystems.- Z. f. Kulturtech. u. Landentwicklung 34 (3), 157-165

Strebel O, Duijnisveld WHM, Böttcher J (1989) Nitrate pollution of groundwater in Western Europe.- Agriculture, Ecosystems and Environment 26, 189-214

Thöne K-F (1996) Flurbereinigung - ein wirkungsvolles Instrument der Landentwicklung. - Z. f. Kulturtechnik u. Landentwicklung, 38, S. 49-53

NLÖ Niedersächsisches Landesamt für Ökologie, NLfB Niedersächsisches Landesamt für Bodenforschung (1996) Bodenschutz in Niedersachsen in den Geschäftsbereichen des NLÖ und NLfB, Hannover, 30 S.

NLVwA Niedersächsisches Landesverwaltungsamt (1989) Hinweise der Fachbehörde für Naturschutz zur Aufstellung des Landschaftsrahmenplans.- Informationsdienst Naturschutz Niedersachsen 2/89, Hannover, 36 S.

NMI Niedersächsisches Innenministerium (1994) Landes- Raumordnungsprogramm Niedersachsen 1994.- Schriften der Landesplanung Niedersachsen, Hannover, 192 S.

NMELF Niedersächsisches Ministerium für Ernährung, Landwirtschaft und Forsten (1991) Leitlinie Naturschutz und Landschaftspflege im Verfahren nach dem Flurbereinigungsgesetz, Hannover, 98 S.

Niedersächsisches GVBl Nr. 16 (1994) Gesetz über das Landesraumordnungsprogramm (NROG)

Niedersächsisches GVBl Nr. 24 (1992) Achtes Gesetz zur Änderung des Niedersächsischen Wassergesetzes

Niedersächsisches GVBl Nr. 11 (1995) Verordnung über Schutzbestimmungen in Wasserschutzgebieten (SchuVO)

Sächsisches Landesamt für Umwelt und Geologie (1994) Anforderungen des Bodenschutzes an Planungs- und Genehmigungsverfahren.- Leitfaden Bodenschutz

Umweltministerium Baden - Württemberg (1995) Bewertung von Böden nach ihrer Leistungsfähigkeit. Leitfaden für Planungen und Gestattungsverfahren.- Luft, Boden Abfall Heft 3, Stuttgart, 34 S.

GeoHyp: Hyperkarten zur Unterstützung von Bodenbewertungen

Stefanie Kübler

Heutzutage ist in Deutschland ein Großteil bodenkundlicher Karten auch digital verfügbar. Zur optimalen Nutzung dieser Karten sind jedoch geeignete digitale Werkzeuge erforderlich. Aus diesem Grund ist im Rahmen eines DFG-Projektes der Prototyp GeoHyp mit einer Reihe von neuen Abfrage-, Planungs-, Bewertungs-, Klassifizierungs- und Prognose-Werkzeugen zur Auswertung der den Bodenkarten hinterliegenden Wissensbasis entwickelt worden.

Vorgestellt werden in diesem Beitrag jene Werkzeuge, welche die Bewertung des Schutzgutes Boden im Rahmen von Umweltverträglichkeitsprüfungen und des Bundes-Bodenschutzgesetzes (BBodSchG) unterstützen. Das Geologische Landesamt Nordrhein-Westfalen stellte als Datengrundlage diverse Karten und Rohdaten verschiedener Maßstäbe und Themen des Gebietes Brilon/Sauerland zur Verfügung. Zum Aufbau des Prototyps wurde das Geoinformationssystem ArcView der Firma ESRI eingesetzt.

1 Einleitung

Digitale bodenkundliche Karten eröffnen neue Möglichkeiten, Planungs- und Entscheidungsprozesse im Rahmen des Umweltschutzes zu unterstützen. Da Werkzeuge zur späteren Nutzung dieser Karten noch fehlten, förderte die Deutsche Forschungsgemeinschaft (DFG) ein dementsprechendes Forschungsprojekt. Das Geologische Landesamt Nordrhein-Westfalen stellte diverse Karten und Daten verschiedener Maßstäbe und Themen (Bodenkunde, Geologie, Hydrogeologie, etc.) als Test-Datenbasis zur Verfügung. Zur Bereitstellung der explizit und implizit enthaltenen, zum Teil sehr komplexen Informationen einer geologischen Karte sind Geographische Informationssysteme (GIS) und Methoden aus dem Hypermedia-Bereich bereits etablierte Werkzeuge. Zur optimalen Nutzung dieser Möglichkeiten müssen jedoch geeignete Strategien des Human Computer Interaction (HCI) gefunden und ein entsprechendes Hyperkarten-Modell entwickelt werden.

GIS und Hyper-
media-Methoden
als Werkzeuge

Dabei sind völlig andere Anforderungen als bei den zur Zeit existierenden Hyperkarten-Anwendungen aus den Bereichen Touristik (Kraak und Driehl 1997), elektronischer Handel (Lang 1995) und kartographischer Lehre (Müller 1997) zu bewältigen. Bodenkundliche Karten basieren auf mehr oder weniger punktuellen Beobachtungen im Gelände, die durch den Kartierer über Schlussfolgerungsprozesse zu einzelnen Modellen (z.B. zur Entwicklung der Böden im Laufe ihrer Entstehungsgeschichte) zusammengefasst werden. Von den touristischen und topographischen Karten der bisherigen Hyperkarten-Anwendungen unterscheidet sie sich aufgrund der

Anforderungen an
bodenkundliche
Hyperkarten

Dreidimensionalität in ihren Modellen, die vereinigt, aber nur in Ausschnitten dargestellt werden. Zur Nutzung dieser Karte sind demzufolge Interpretationen mittels bodenkundlichem Sachverständnis erforderlich.

Für die Bereitstellung der hinter diesen Karten stehenden bodenkundlichen Wissensbasis ist die Nutzeroberfläche von großer Bedeutung. Um eine Anforderungsanalyse für eine sinnvolle Nutzeroberfläche aufzustellen, ist es üblich, Interviews mit Experten durchzuführen (Linton et al. 1989). Deshalb wurden zu Beginn dieser Arbeit verschieden spezialisierte Geologen (Hydrogeologen, Lagerstättenkundler, Allgemeine Geologen, etc.) nach ihren spezifischen Arbeitsweisen und Wünschen an eine bodenkundliche Hyperkarte gefragt. Die Ergebnisse dieser Interviews dienten der Erstellung einer Anforderungsanalyse für das Hyperkarten-Modell. Da die Interviews zeigten, dass eine wichtige Aufgabe der angewandten Geowissenschaften in der Bereitstellung von Daten für Umweltverträglichkeitsprüfungen (UVP) besteht, wurde die Anforderungsanalyse zusätzlich aus den Gesetzestexten des BBodSchG und UVPG sowie den zugehörigen Kommentaren, Richtlinien, Empfehlungen und Leitfäden abgeleitet.

Die Umsetzung des Hyperkarten-Modells erfolgte innerhalb der GIS-Entwicklungsumgebung ArcView (ESRI 1998) in Form eines Prototyps namens GeoHyp. Die ArcView-interne Programmiersprache Avenue (ESRI 1996) diente der Entwicklung einer Reihe von Bewertungs-, Klassifizierungs-, Abfrage- und Prognose-Werkzeugen. Die einzelnen Planungsschritte einer UVP-Bodenbewertung wurden in Werkzeuge umgesetzt, welche die notwendigen Be-

ArcView-Avenue als Programmiersprache

wertungen (Ermittlung schutzwürdiger und schutzbedürftiger Böden, Bewertung der Schadstoffbelastungssituation) und Prognosen (Abschätzung möglicher Auswirkungen der geplanten Baumaßnahmen, etc.) erleichtern.

Im folgenden werden zunächst die Konzepte der für GeoHyp entwickelten Nutzeroberfläche und Werkzeuge beschrieben. Anschließend erfolgt die Darstellung eines Fallbeispiels.

2 Konzepte der für GeoHyp entwickelten Nutzeroberfläche und der Werkzeuge

GeoHyps Nutzeroberfläche basiert auf einer flexiblen Experten-Lösung (Wetzenstein-Ollenschläger und Wandke 1990). Dem Nutzer werden durch diesen Human Computer Interaction-Ansatz vordefinierte Interaktionsstrategien angeboten, die auf einer Analyse der Problemstellung beruhen. Die Nutzung bodenkundlicher Kartenwerke erfolgt über deduktive Schlussfolgerungsprozesse. Der Geowissenschaftler wertet die komplexen Inhalte dieser Karten mittels bestimmter Gesetze bzw. Methoden aus, um Fragestellungen zu lösen, Planungen aufzustellen oder Entscheidungen zu treffen. Prognose ist eine der häufigsten angewandten Methoden, um beispielsweise Probleme aus dem Bereich des Umweltschutzes zu bearbeiten. Hierfür benötigt der Nutzer Werkzeuge, die eine dynamische Wissensrepräsentation durch die Erzeugung neuer Objekte ermöglichen.

Zur Unterstützung dieser Anforderungen wurden Werkzeuge zur flexiblen Verwaltung des hinter der bodenkundlichen Karte stehenden Wissens und des Wissens über die Auswertung dieser Karten entwikkelt. Sämtliche Werkzeuge sind über die für den Prototyp erstellte Nutzeroberfläche abrufbar. Diese Nutzeroberfläche wurde mit Hilfe von ArcViews Dialog-Dokumenten (ESRI 1998) realisiert.

Die Werkzeuge verknüpfen die vielfältigen Inhalte der bodenkundlichen Karte, um Bewertungen und komplexe Klassifizierungen zu automatisieren. Implementiert wurden diverse Bewertungsansätze zur Ausweisung schutzwürdiger Böden nach den Vorgaben des Bundes-Bodenschutzgesetzes sowie zur Ermittlung schutzbedürftiger Böden nach unterschiedlichen Kriterien. Das Bundes-Bodenschutzgesetzes legt zwar fest, welche Bodenfunktionen zu schützen sind, gibt jedoch nicht an, wie diese zu ermitteln sind. Aus diesem Grund wurden diverse Bewertungsansätze in den Prototypen integriert sowie ein Entscheidungsmodul entwickelt. Dieses Entscheidungsmodul zeigt die einzelnen nach dem neuen Bundes-Bodenschutzgesetz zu schützenden Bodenfunktionen sowie die zugeordneten Bewertungsansätze zur Ermittlung dieser Funktionen an. Auf diese Weise kann der Nutzer selbst entscheiden, welche Methoden er seiner Bewertung zu Grunde legen möchte. Er hat die Wahl zwischen Werkzeugen, welche die verschiedenen Bewertungsansätze separat ausführen. Die Trennung der Bewertungsansätze in einzelne Werkzeuge ist notwendig, da die Anforderungen teilweise von gegensätzlichen Zielstellungen ausgehen. Beispielsweise sind zur Ermittlung schutzwürdiger Böden nach ihrer Nährstoffverfügbarkeit Böden zu selektieren, die Stoffe freigeben. Dahingegen müssen bei der Ermittlung schutzwürdiger Böden aufgrund ihrer Pufferleistung Böden selektiert werden, die Stoffe zurückhalten.

Automatisierung von Bewertungen und Klassifizierungen nach den Vorgaben des BBodSchG

Getrennte Bewertungsansätze für unterschiedliche Fragestellungen

Durch die Entwicklung einzelner Werkzeuge für die verschiedenen Bewertungsansätze, kann der Nutzer selbst entscheiden, welchem Ansatz er Priorität einräumen möchte. Die Ausführung der Werkzeuge hintereinander, ermöglicht die Berücksichtigung mehrerer Bewertungsansätze. Die vorgegebenen Selektionskriterien sind so allgemein, dass sie auch auf Karten anderer Regionen angewendet werden können. Falls doch besondere Regeln beachtet werden müssen, ist der Abfragemechanismus leicht zu modifizieren.

Berücksichtigung der Planungsschritte von UVPs und Methoden zur Einschätzung von Altlasten

Weiterhin wurden die einzelnen Planungsschritte der Bodenbewertung im Rahmen von UVPs in hypermediale Navigationsstrukturen umgesetzt. Die hierfür entwickelten Abfrage-, Klassifizierungs-, Bewertungs- und Prognose-Werkzeuge ermöglichen eine sequentielle Erstellung und Analyse einer digitalen Informationsbasis. Der Nutzer wird durch Dialoge Schritt für Schritt durch den Bewertungsverlauf (Bewertung des Ist-Zustandes, Konfliktanalyse, Ausweisung von Vermeidungs- und Ersatzmaßnahmen) geleitet. Durch die Integration von Methoden zur Einschätzung von Altlasten, Schadstoffanalysen sowie der Auswirkungen der geplanten Baumaßnahmen kann sich der Nutzer bei den für die verschiedenen Planungsschritte notwendigen Bewertungen unterstützen lassen. Die verfügbaren Werkzeuge liefern ihm keine vollautomatischen Endergebnisse, sondern Zwischenergebnisse für einzelne Arbeitsschritte. Zur Überprüfung dieser Zwischenergebnisse werden ihm über Navigationswerkzeuge weitere Informationen angeboten (chemische Hintergrundgehalte der Böden, thematische Datenbanksichten zum Wasserhaushalt, Darstellung der bodenkundlichen Attribute und anderes).

Die Ergebnisse der einzelnen Bewertungen können durch die Erzeugung neuer Attribute oder Informationsebenen (GIS-Layers) gespeichert werden.

3 Fallbeispiel einer Bodenbewertung im Rahmen des BBodSchG und von UVPs

3.1 Ist-Analyse

Zu Beginn einer Umweltverträglichkeitsprüfung erfolgt die Bewertung des Ist-Zustandes. Zunächst ist der Bodenwert an sich, das heißt, unabhängig von äußeren Schadstoffeinflüssen, zu erfassen. Dieser Wert wird im Rahmen dieses Beitrages als „Eigenwert" der Bodeneinheiten bezeichnet. Er kann je nach Fragestellung unterschiedlich ausfallen, da er abhängig von dem für das Untersuchungsgebiet formulierten Zielzustand ermittelt wird. Der Zielzustand für das Schutzgut Boden ist möglichst konkret festzulegen, da hiervon die Wahl der geeigneten Bewertungsansätze abhängt. Denn eine nach guter fachlicher Praxis bewirtschaftete landwirtschaftliche Nutzfläche ist für den Zielzustand „Agrarökosystem" als besonders wertvoll einzustufen, wohingegen sie aus Sicht des Zielzustandes „naturnahes Ökosystem" gegebenenfalls weniger schützenwert bewertet wird (Kiene und Miehlich 1997). Anschließend an diese erste Einschätzung ist der „reale Wert" der Bodeneinheiten zu erfassen. Hierzu ist die Verknüpfung mit der potentiellen Schadstoffbelastung den Ergebnissen von Schadstoff-Analysen notwendig. Unter der „potentiellen Schadstoffbelastung" sollen Altlasten bzw. Altlastenverdachtsflächen, u.ä. verstanden werden, von denen möglicherweise eine Gefahr für das Schutzgut Boden ausgeht.

Eigenwert der Bodeneinheiten

Realer Wert der Bodeneinheiten

Dahingegen sind mit „Schadstoff-Analysen" tatsächlich gemessene Schadstoffwerte von Bodenproben gemeint.

3.1.1 Ermittlung der Eigenwerte

Siehe Menü 1 in Abbildung 1, nächste Seite

Tabelle 1 siehe übernächste Seite

Siehe Menü 2 in Abbildung 1

Im Prototyp kann der Nutzer zwischen verschiedenen Bewertungsansätzen wählen (Abb. 1). Tabelle 1 führt die Datenbank-Selektionen auf, die nach der Wahl einer der Bewertungsmethoden automatisch ausgeführt werden. Die entsprechenden Einheiten werden in der Karte markiert, gleichzeitig erscheint ein Fenster mit dem selektierten Datenbankeinträgen (Menü 2 in Abb. 1). Soll die Ausweisung schützenswerter Böden auf mehr als einem Bewertungsansatz beruhen, können die aufgeführten Selektionskriterien nacheinander ausgeführt werden. Die Selektion der Bodeneinheiten erhöht sich jeweils um diejenigen Einheiten, die die neuen Auswahlbedingungen erfüllen.

Basierend auf dieser Datenanalyse werden die Eigenwertstufen der Bodeneinheiten festgelegt und in der GIS-Datenbasis gespeichert. Alle selektierten Einheiten erhalten hierbei eine hohe Wertstufe, während den anthropogen beeinflußten Böden (z.B. versiegelte Flächen, Aufschüttungen, etc.) eine niedrige Wertstufe zugeordnet wird. Diese Böden werden durch ihr Attribut "Geologisches Ausgangssubstrat" selektiert. Die übrigen Bodeneinheiten werden als mittelwertig eingestuft (Abb. 2).

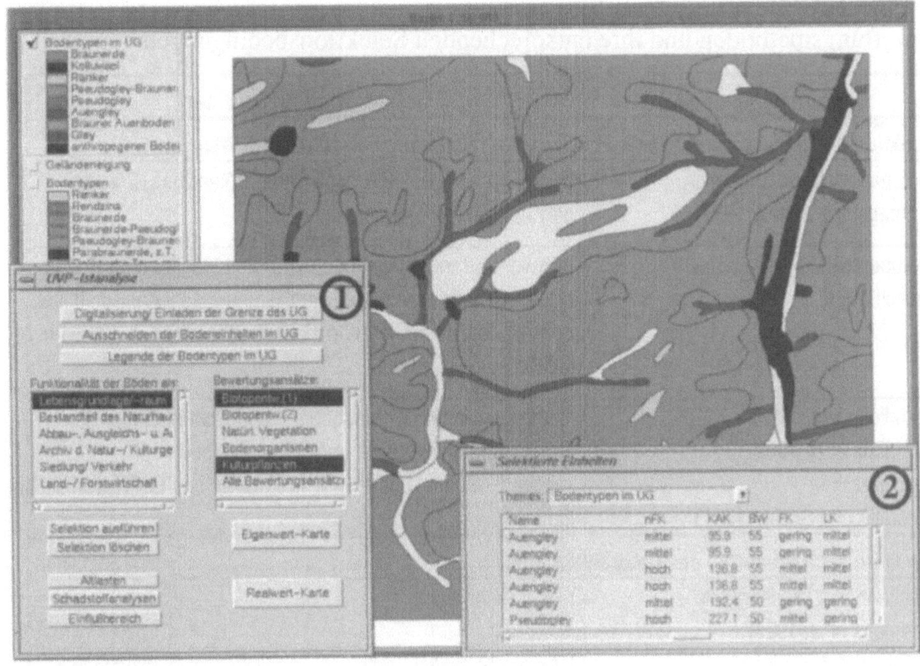

Abbildung 1.
GeoHyp-Menü zur Ermittlung der Eigenwertstufen

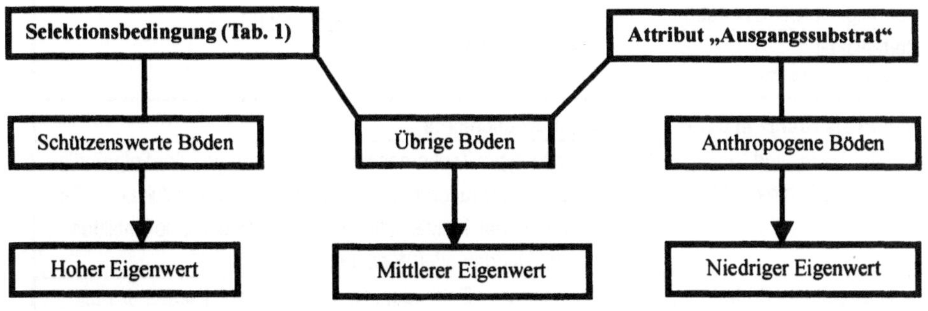

Abbildung 2.
Ermittlung der Eigenwerte

Tabelle 1.

Bewertungsmethoden und ihre entsprechenden Selektionsbedingungen

Bewertungsmethode	Selektionsbedingungen
Funktion als Lebensgrundlage und Lebensraum für Menschen, Tiere und Pflanzen	
Biotopentwicklungspotential (Schraps und Schrey 1997)	Bodentyp = Podsol, Regosol, Ranker, Rendzina, Pseudogley, Gley oder Auenboden
Biotopentwicklungspotential (Bosch 1994)	nFKwe < 40 mm oder Bodentyp = Pseudogley oder Bodentyp = Grundwasserboden und Grundwasserstand = mittel oder Bodentyp = Gley und Grundwasserstand < 50 cm u. GOK
Natürliche Vegetation (Clemens et al. 1997) Landwirtschaft (Schraps und Schrey 1997)	Bodenkundliche Feuchtestufe = naß, feucht oder (sehr) trocken und/ oder KAK = hoch oder sehr hoch nFKwe > 180 mm und KAK > 179 mol/m² und Bodenwertzahl > 55
Funktion als Bestandteil des Naturhaushaltes	
Flächenhafter Wasserspeicher (Clemens et al. 1997)	nFK = (sehr) hoch
Nährstoffverfügbarkeit (Becker 1999)	KAK > 179 mol/m² und Bodenkundlicher Feuchtezustand = feucht
Funktion als Abbau-, Ausgleichs- und Aufbaumedium	
Nährstoffverfügbarkeit (Becker 1999)	KAK > 179 mol/m² und Bodenkundliche Feuchtestufe = feucht
Filterleistung (Schmidt et al. 1997)	Wasserleitfähigkeit = hoch
Pufferfähigkeit (UM BW 1995)	Ton- und Humusgehalt = hoch und pH > 5
Pufferfähigkeit (Schmidt et al. 1997)	KAK = (sehr) hoch
Funktion als Archiv in der Natur- und Kulturgeschichte	
Archiv der Natur- und Kulturgeschichte (Schraps und Schrey 1997)	Bodentyp = Tschernoseme, Plaggenesche oder tiefgründige humose Braunerde oder Ausgangssubstrat = Vulkanite, Tertiärmaterial, kreidezeitliches Lockergestein, Quellenbildungen, Mudden oder Wiesenmergel
Rote Liste seltener Böden (Bosch 1994)	Bodentyp = Rohboden, Ranker, Regosol, Pararendzina, Podsol, Terra Fusca, reliktischer Tschernosem, Anmoorpseudogley, Stagnogley, Rambla, Paternia, Naß-, Anmoor-, Moorgley, Dy oder Moor oder Ausgangssubstrat = Tertiärmaterial, mit periglazialen Strukturen oder Lage = Hochgebirge

3.1.2 Ermittlung der realen Wertstufen

Zur Ermittlung der realen Wertstufe der Böden muß deren Beeinflussung durch Schadstoffbelastungen berücksichtigt werden. Der Nutzer kann die Geometrien der Schadstoffbelastung entweder einladen, falls diese bereits als GIS-Layer vorliegen, oder sie am Bildschirm per Maus digitalisieren. Nach abgeschlossener Digitalisierung erscheint ein Menü, über das der Nutzer zwischen verschiedenen Bewertungsmöglichkeiten wählen kann. Diese werden im folgenden beschrieben.

3.1.2.1 Bewertung von Altlasten

Dem Nutzer stehen zur Bewertung der Schadstoffbelastung zwei Optionen zur Verfügung (Menü 1 in Abb. 3). Er kann a) das Ausmaß selbst einschätzen, indem er in einem Menü zwischen den Klassifizierungen „sehr gering" bis „sehr hoch" wählt. Die vom Nutzer angegebene Höhe der Altlastenbelastung wird in der Attribut-Tabelle des GIS-Layers „Altlasten" gespeichert.

siehe Menü 1 in Abbildung 3

Sind jedoch detailliertere Informationen über die Altlast bekannt, stehen dem Nutzer b) ein Werkzeug, das ein Bewertungsverfahren des Umlandverbandes Frankfurt (UVF 1998) umsetzt, zur Verfügung (Menü 2 in Abb. 3). Im Rahmen dieses Verfahrens werden abhängig vom Typ (z.B. Deponie, Gaswerk, Trümmerschutt, etc.) und Volumen der Altlast Punkte vergeben und zu einer Bewertungsstufe zwischen „sehr gering" und „sehr hoch" zusammengefaßt. Im dargestellten Beispiel wird das Gelände eines ehemaligen Gaswerkes, das ein Volumen zwischen 5000 und 50000 m³ aufweist, mit einer hohen Belastungsstufe belegt.

siehe Menü 2 in Abbildung 3

Die jeweilige Belastungshöhe wird in der Attribut-Tabelle des GIS-Layers „Altlasten" gespeichert (Tabelle 3 in Abb. 3).

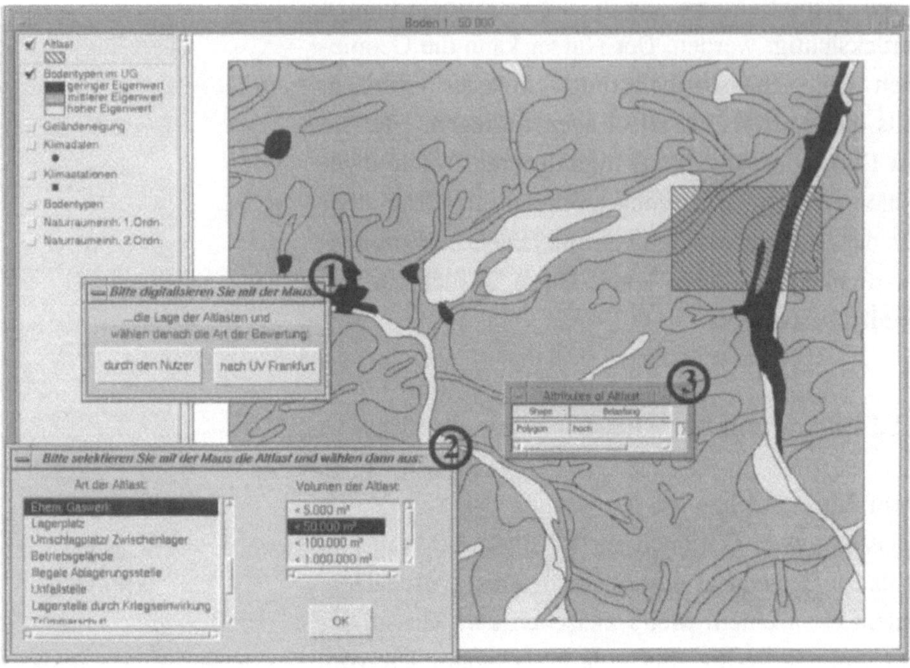

Abbildung 3.

Werkzeug zur Anwendung des Altlastenbewertungsverfahrens von UVF (1998)

3.1.2.2 Bewertung von chemischen Bodenanalysen

Analog zur Altlastenbewertung stehen dem Nutzer auch zur Bewertung der gemessenen Schadstoffbelastung zwei Optionen zur Verfügung. Er kann sie a) selbst beurteilen, indem er sie über ein Menü einer fünfstufigen Skalierung zwischen „sehr gering" und „sehr hoch" zuordnet. Die entsprechenden Werte werden in der Attribut-Tabelle des GIS-Layers „Schadstoffe" festgehalten.

Die andere Option stellt b) ein Vergleich mit Prüf- oder Vorsorgewerten dar, die durch die Bundesbodenschutzverordnung (BBodSchV 1999) festgelegt sind. Der Nutzer kann nach der Digitalisierung der Lage der Bodenproben zwischen einer der aufgeführten Bewertungsmöglichkeiten wählen (Menü 1 in Abb. 4). Im dargestellten Fall hat er sich für den Vergleich mit Prüfwerten für den Pfad Boden-Mensch entschieden. Demzufolge erscheint ein weiteres Menü, in dem er das Nutzungsziel, die Schadstoffart sowie den Meßwert angeben kann (Menü 2 in Abb. 4).

vgl. jeweils
Menü 1 und 2 in
Abbildung 4

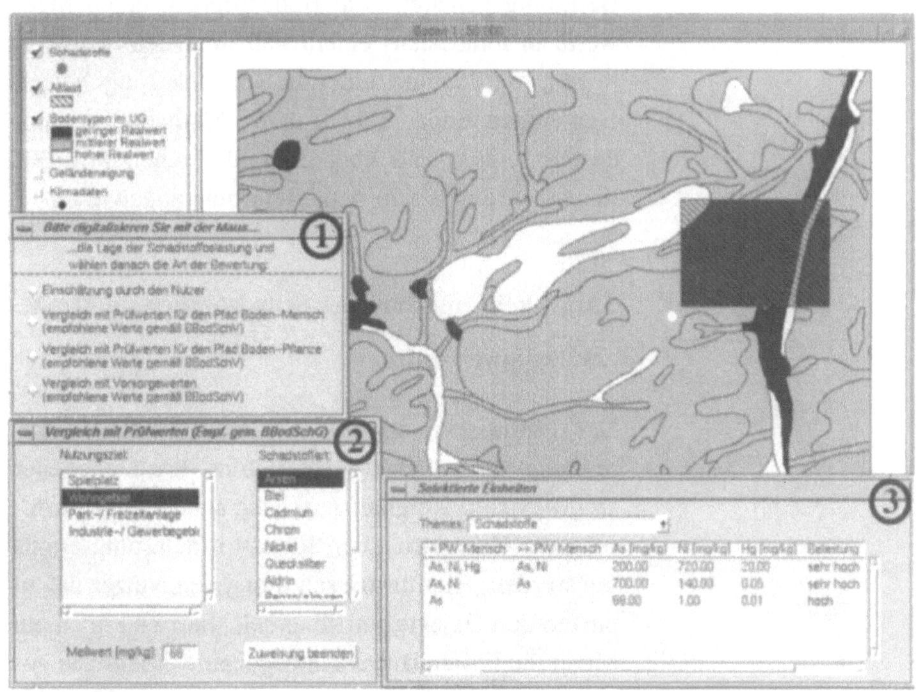

Abbildung 4.
Vergleich chemischer Analysenwerte mit Prüfwerten gemäß BBodSchV

Je nach Nutzungsziel wird dieser Meßwert mit unterschiedlich hohen Prüfwerten verglichen. In der Attribut-Tabelle des GIS-Layers „Schadstoffe" werden die zugehörigen Meßwerte sowie die Schadstoffarten gespeichert, die die Prüfwerte überschreiten. Nach der abgeschlossenen Zuweisung der Meßwerte werden alle Probenpunkte, bei denen mindestens eine Schadstoffart Überschreitungen des Prüfwertes aufweist, selektiert und die zugehörigen Werte der Attribut-Tabelle in einem Fenster dargestellt (Fenster 3 in Abb. 4). Zusätzlich wird an die Attribut-Tabelle ein weiteres Attribut zur Klassifizierung der Belastung gehängt. Alle Bodenproben, deren Meßwerte in mindestens einem Fall über dem Prüfwert liegen, werden mit einer hohen Belastung belegt. Denjenigen Bodenproben, deren Meßwerte in mindestens einem Fall über dem fünffachen Prüfwert liegen, wird eine sehr hohe Belastung zugewiesen.

3.1.2.3 Verschneidung der Schadstoffbelastung mit den Eigenwertstufen

Der Einflussbereich bzw. die angenommene Ausbreitung einer Schadstoffbelastung kann entweder am Bildschirm digitalisiert oder auch durch Pufferung der Geometrien der Schadstoffbelastung ermittelt werden. Hierfür müssen durch den Nutzer die zu puffernden Objekte per Maus selektiert und in einem Menü die Puffer-Distanz angegeben werden. Die gepufferten Bereiche werden in eine zusätzlichen Informationsebene gespeichert, wobei die zuvor vom Nutzer angegebene Höhe der Schadstoffbelastung automatisch auf den gepufferten Bereich übertragen wird.

Über ein Menü kann sich der Nutzer folgende Entscheidungshilfen auf den Bildschirm holen:

- Tabellarische aufgeführte Angaben zu schadstoffspezifischen Eigenschaften wie Mobilität und Toxizität (Kübler 1996),

- Anhaben zur hydrogeologischen Situation (Grundwasserfließrichtung, etc.),

- Informationen zu chemischen und wasserhaushaltlichen Eigenschaften der Bodentypen sowie zur Grundwasserführung der geologischen Kartiereinheiten des Gebietes in Form von Datenbanksichten.

Diese zusätzlich abrufbaren Informationen erleichtern die Durchführung weiterer Sachverhaltermittlungen, die beispielsweise bei der Prüfwertüberschreitung für den Direktpfad Boden-Mensch erforderlich sind (BBodSchV, Ewers 1999). Unterstützt wird hierdurch die sachverständige Einschätzung der Relevanz weiterer Wirkungspfade (wie z.B. Boden-Grundwasser) sowie der Gefährlichkeit der verschiedenen Schadstoffe. Durch die Verschneidung dieses GIS-Layers mit dem GIS-Layer „Bodeneinheiten" kann anschließend der reale Wert der Böden ermittelt werden (Abb. 5). In alle Bereichen, die sich im Einflussbereich der Schadstoffbelastungen befinden, ist der reale Wert geringer als der Eigenwert. Demzufolge kann der reale Wert nie über dem Eigenwert liegen (Tab. 2).

Einschätzung der Wirkungspfade

Abbildung 5 und Tabelle 2 nächste Seite

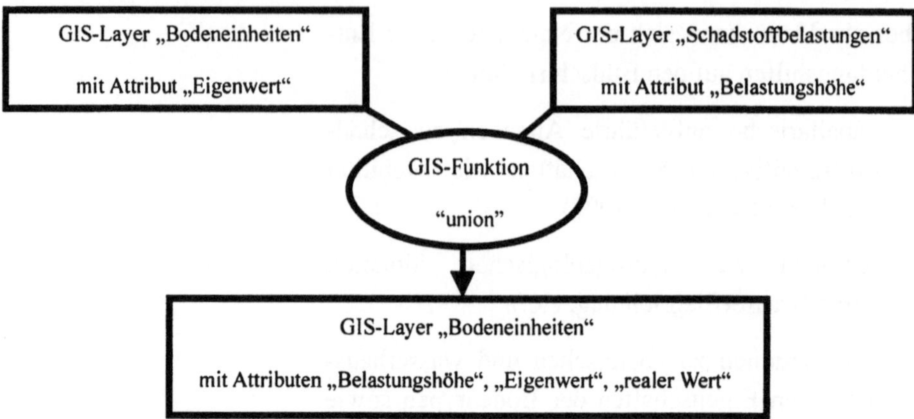

Abbildung 5.
Ermittlung der realen Werte

Tabelle 2.
Ermittlung der realen Werte

Belastungshöhe	Eigenwert der Boden-einheiten	Realwert der Bodenein-heiten
sehr hoch	hoch	gering
hoch oder mittel	hoch	mittel
(sehr) gering	hoch	hoch
(sehr) hoch oder mittel	mittel	gering
(sehr) gering	mittel	mittel

3.2 Konfliktanalyse

Im Rahmen der Konfliktanalyse sind die zu erwartenden Auswirkungen durch den Bau und Betrieb der geplanten Anlagen zu ermitteln. Die Geometrien der Baumaßnahmen können entweder eingeladen werden, falls sie bereits als GIS-Layer vorhanden sind oder per Maus am Bildschirm digitalisiert werden. Die digitalisierten Objekte werden in einem GIS-Layer gespeichert (Punkt 1, Abb. 6). Zur Beurteilung der Auswirkungen der geplanten Eingriffe sind für den Prototyp Angaben aus dem UVP-Bericht (BfUWL 1991) integriert worden. Der Nutzer kann für verschiedene Eingriffsarten die möglichen bau- und betriebsbedingten Auswirkungen abfragen (Punkt 2 Abb. 6). Ist die geplante Eingriffsart nicht in dem Menü aufgeführt, besteht für den Nutzer zusätzlich die Möglichkeit, andere Eingriffsarten sowie die von ihm vermuteten Auswirkungen selbst anzugeben. Die jeweiligen Eingriffsarten werden mit den zugehörigen Auswirkungen in der Attribut-Tabelle des GIS-Layers „Geplante Baumaßnahmen" gespeichert (Punkt 3, Abb. 6).

Beachte hier besonders die Punkte 2 und 3 in Abbildung 6

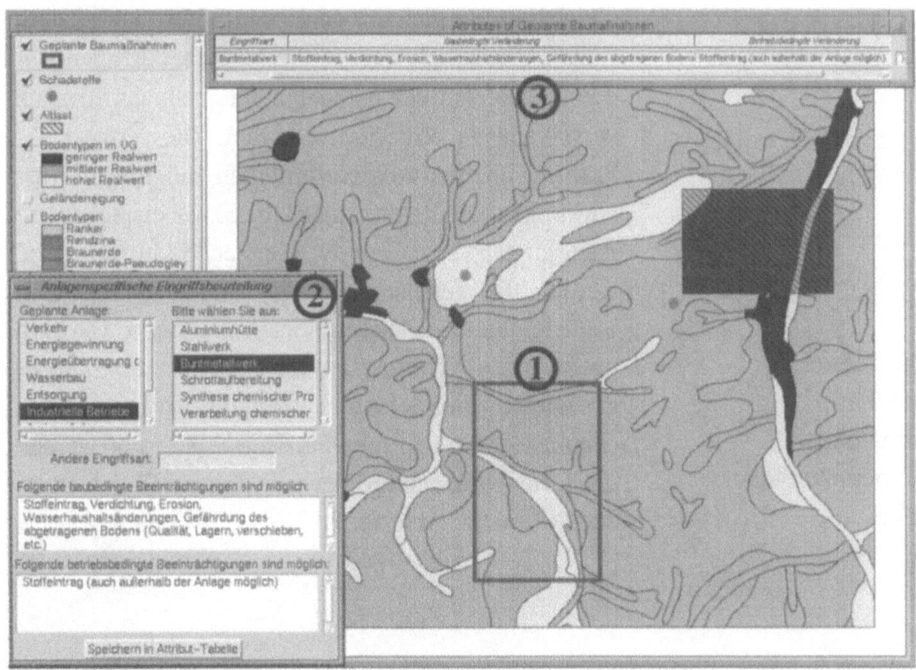

Abbildung 6.
Menü zur Angabe der Eingriffsart digitalisierter Eingriffsflächen

3.3 Wirkungsprognose

Abbildung 7
nächste Seite

Bei der Wirkungsprognose sind diese möglichen
Auswirkungen der geplanten Baumaßnahmen in Bezug zu der Ist-Analyse des Schutzgutes Bodens zu
setzen. Abb. 7 stellt das Schema der in GeoHyp
umesetzten Wirkungsprognose dar. Zur Ermittlung
sensibler Bereiche werden die GIS-Layer „Bodentypen" (mit dem Attribut „reale Wertstufe") und „Geplante Baumaßnahmen" (mit den Attributen „bau-
und betriebsbedingte Auswirkungen") verschnitten.
Anschließend erfolgt eine Selektion der Bodeneinheiten mit hohen Wertstufen (schutzwürdige Böden),
die sich im Bereich der geplanten Baumaßnahme befinden. Zusätzlich werden die schutzbedürftigen Böden im Bereich der geplanten Baumaßnahmen nach
verschiedenen Kriterien selektiert. Dies erfolgt abhängig von den zuvor ermittelten möglichen Auswirkungen der Baumaßnahmen. Sind beispielsweise
Änderungen der Grundwasserstände zu erwarten,
werden die gegenüber dieser Änderung sensiblen
Bodeneinheiten selektiert. Einen Teil der in GeoHyp
umgesetzten Wirkungsprognose zeigt Abb. 8. Dargestellt ist die Selektion schutzbedürftiger Böden
(Punkt 1, Abb. 8). In einem Ergebnisfenster werden
die Datenbankeinträge der selektierten Böden angezeigt (Punkt 2, Abb. 8).

vgl. Punkte 1
und 2 in
Abbildung 8
auf der nächsten
Seite

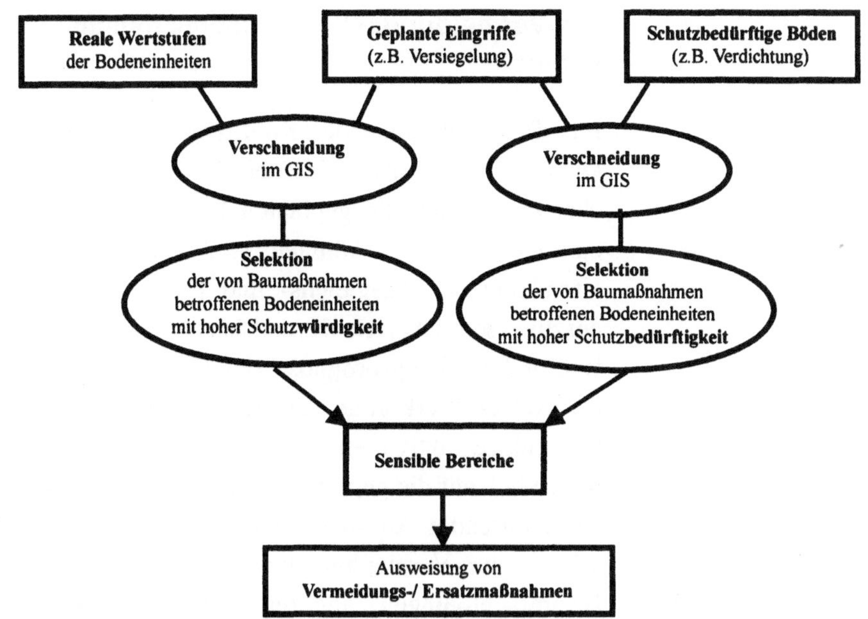

Abbildung 7.

Schema der im Prototypen umgesetzten Wirkungsprognose

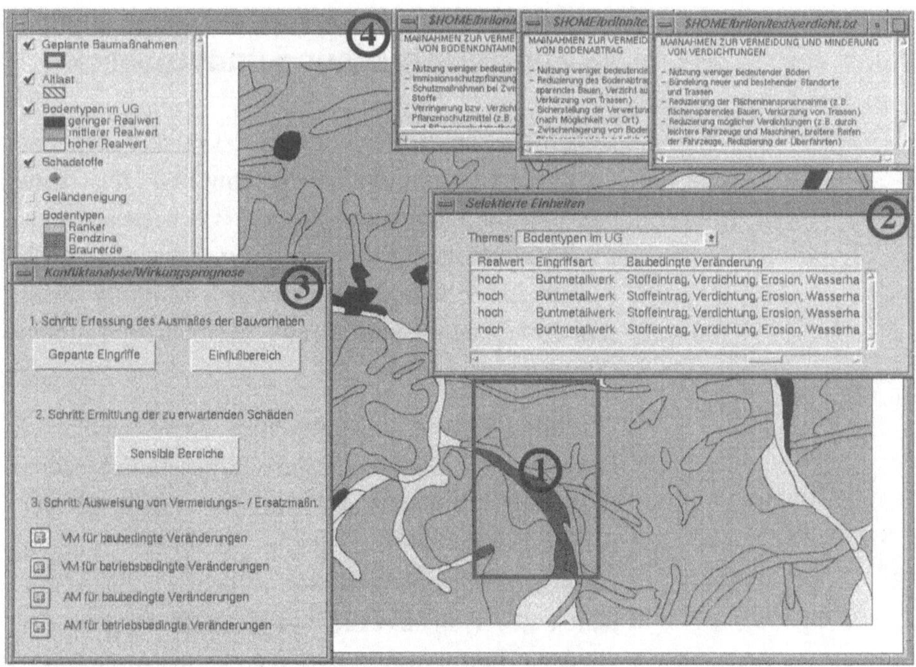

Abbildung 8.

Ermittlung sensibler Bereiche in GeoHyp

3.4 Vermeidungs- bzw. Ausgleichsmaßnahmen

Menu zur Kon-
fliktanalyse und
Wirkungsprognose

Für die im Rahmen der Konfliktanalyse und Wirkungsprognose ausgewiesenen Böden, die möglicherweise durch die geplanten Baumaßnahmen beeinträchtigt werden könnten, sind Verminderungs-, Vermeidungs-, Ausgleichs- und Ersatzmaßnahmen auszuweisen. Über GeoHyps Menü zur Konfliktanalyse und Wirkungsprognose (Punkt 3, Abb. 8) kann der Nutzer Werkzeuge zur Abfrage entsprechender Vorschläge aktivieren. Dem Nutzer werden per Mausklick auf die geplanten Baumaßnahmen je nach zu erwartender Auswirkungen auf den Boden Ratschläge zur Vermeidung bzw. zum Ausgleich der Beeinträchtigungen angezeigt (Punkt 4, Abb. 8). Diese basieren auf Vorschlägen des Landesumweltamtes Brandenburg (LUA BB 1998).

4 Zusammenfassung und Ausblick

Der hier vorgestellte Prototyp GeoHyp entstand durch die Konzeption, Entwicklung und Umsetzung von Nutzungsstrategien für die Wissensbasis digitaler bodenkundlicher Karten. Grundlage bildete die Bodenkarte 1:50.000 des Gebietes Brilon mit diversen Rohdaten, Texten und Informationen unterschiedlicher Themen.

Für die Bereitstellung all dieser unterschiedlichen Daten sind Geographische Informationssysteme (GIS) und Methoden aus dem Hypermedia-Bereich bereits etablierte Werkzeuge. Zur optimalen Nutzung dieser Möglichkeiten müssen jedoch geeignete Strategien des Human Computer Interaction gefunden werden. Hierfür wurde ein Hyperkarten-Modell entwickelt.

Die Realisierung des Hyperkarten-Modells erfolgte über die Entwicklung eines Bewertungssystems sowie über die Umsetzung der einzelnen Planungsschritte einer UVP-Bodenbewertung in interaktiv nutzbare Navigationswerkzeuge. Hierfür wurden bereits existierende Bewertungsmethoden implementiert und so gegliedert, dass sie einerseits für die Ermittlung der nach dem BBodSchG zu schützenden Bodenfunktionen eingesetzt werden können. Die Wahl der geeigneten Bewertungsmethode bleibt hierbei dem Nutzer überlassen, so daß er den Bewertungsvorgang seiner jeweiligen Zielsetzung anpassen kann. Andererseits wird auf die Bewertungsmethoden zur Automatisierung von Planungsschritten der UVP-Bodenbewertung zurückgegriffen. Die Überprüfung der automatisch erzeugten Zwischenergebnisse eines Planungsschrittes wird durch die Abfragemöglichkeit von zusätzlicher Information unterstützt. Das durch den Nutzer verifizierte oder gegebenenfalls auch korrigierte Ergebnis wird gespeichert und geht in die Durchführung der weiteren Planungsschritte ein.

Zur Überprüfung der Bewertungsergebnisse wäre die Einbindung zusätzlicher großmaßstäbiger Informationen sehr hilfreich. Beispielsweise schreibt die BBodSchV als untergesetzliches Regelwerk des BBodSchG vor, daß die durch sie ausgewiesenen Prüf- und Maßnahmenwerte nicht automatisiert mitden Ergebnissen von Schadstoffanalysen verglichen werden. Vielmehr sollen die jeweiligen Expositionsbedingungen des Einzelfalls berücksichtigt werden.

GeoHyp stellt einige Werkzeuge zur Abfrage zusätzlicher Information zur Verfügung (schadstoffspezifische Eigenschaften wie Mobilität und Toxizität, hydrogeologische Situation des Gebietes, Informationen zu chemischen und wasserhaushaltlichen Eigenschaften der Bodentypen sowie zur Grundwasserführung der geologischen Kartiereinheiten). Er müsste jedoch noch weitere Daten zur Nutzung, Versiegelung und Bewuchs des Gebietes bereitstellen, um den durch die BBodSchV aufgestellten Anforderungen gerecht zu werden.

Durch die Übertragung des Hyperkarten-Modells auf Bodenkarten im Maßstab 1:5.000 oder 1:10.000 könnte die umfangreiche bodenkundliche Wissensbasis von GeoHyp auch anderen Fachrichtungen, wie z.B. der Landschaftsplanung, zur Verfügung stehen. Die für GeoHyp entwickelten Werkzeuge ermöglichen die Lösung einiger der von Fokuhl (1994) aus Sicht der Landschaftsplanung geforderten Aufgabenstellungen (Abfrage der Ertragsfähigkeit, der Verdichtungsempfindlichkeiten sowie des Retentionsvermögen für Wasser).

Eine Evaluation durch eine Reihe von Testnutzern zeigte, dass es sich bei dem Prototyp um ein willkommenes Werkzeug zur Nutzung digitaler bodenkundlicher Karten handelt. Der Prototyp weist ein hohes Potential als Weg für den Umgang mit bodenkundlichen Daten auf. Die GeoHyp unterliegenden Hyperkarten-Modelle sind problemlos auf Karten anderer Gebiete übertragbar, insofern diese in einem gängigen GIS-Format vorliegen und über die erforderlichen Attribute zur Ausführung der Bewertungsmethoden verfügen.

5 Literaturverzeichnis

Becker B (1999) Bundes-Bodenschutzgesetz (BBodSchG), Kommentar mit den Verordnungen des Bundes zur Durchführung des BBodSchG, Verlag R. S. Schulz, Starnberg, Loseblatt-Sammlung, Stand 1.2.1999

BfUWL, Bundesamt für Umwelt, Wald und Landschaft (1991) Boden und UVP, Empfehlungen für die Bearbeitung des Bereiches "Boden" in einem Bericht zur Prüfung der Umweltverträglichkeit (UVP-Bericht), Mitteilungen zur Umweltverträglichkeit, Nr. 6, Bern

Bosch C (1994) Ökologische Bodenfunktionen: Beiträge der Bodenökologie zum Bodenschutz. In: Rosenkranz, D., Bachmann, G., Einsele, G., Harreß, H.M.: Bodenschutz. Ergänzbares Handbuch der Maßnahmen und Empfehlungen für Schutz, Pflege und Sanierung von Böden, Landschaft und Grundwasser, Erich Schmidt Verlag, Berlin

Bundes-Bodenschutzgesetz – BBodSchG, Gesetz zum Schutz des Bodens, Gesetz zum Schutz vor schädlichen Bodenveränderungen und zur Sanierung von Altlasten, Text des am 5.2.1998 vom deutschen Bundestag beschlossenen Bundes-Bodenschutzgesetzes (Zustimmung des Bundesrates am 6.2.1998 erfolgt)

Bundes-Bodenschutzverordnung (BBodSchV) (1999) Bundes-Bodenschutz- und Altlastenverordnung (BBodSchV), vom 12.7.1999, BGBI, I S., 1554

Clemens G, Bartel L, Lehle M, Lennartz H, Wolf D (1997) Fachinformationssystem Bodenschutz - Modul Bodenbewertungssystem (BoBeS), Mittlg. d. Dt. Bodenkundl. Gesellsch., 85, II, 1119-1122

ESRI, Environmental Systems Research Institute (1998) Getting to know ArcView GIS., 675 S, ESRI Press, Redlands, CA, USA

ESRI, Environmental Systems Research Institute (1996) Avenue: Customization and Application Development for ArcView. ESRI Educational Services, Redlands, CA, USA, 259 S.

Kiene A, Miehlich G (1997) Bodenbewertung im Rahmen einer Umweltverträglichkeitsuntersuchung, in: Mitteilungen der Deutschen Bodenkundlichen Gesellschaft, 85, III, S. 1187-1190, Oldenburg

Knauer N, Trautz D (1990) Böden als Lebensraum von Organismen, in: Blume, H. P. (Hrsg.), 1990: Handbuch des Bodenschutzes, 686 S., ecomed Verlagsgesellschaft mbH, Landsberg/ Lech

Kübler S, Skala W, Voisard A. (1998) The Design and Development of a Geologic Hypermap Prototype, in "GIS - Between Visions and Applications", Fritsch, D., Englich, M., Sester, M. (Hrsg.), ISPRS Commission IV Symposium, Vol. 32, Part 4, Stuttgart

Kübler S, Voisard A (1999) GeoHyp: An Adaptive Human Interface for Geologic Maps and Their Databases, in ISPRS Journal of Phtogrammetry & Remote Sensing, Madden, M., Sester, M., Krug, T., (Hrsg.), 54/ 4: 234-243, Elsevier Publikation, Amsterdam

Lang N (1995) GIS: a selling proposition, GIS Europe, Vol. 4, Nr. 1, 40-43

LUA, Landesumweltamt Brandenburg (Hrsg.) (1998) Anforderungen des Bodenschutzes bei Planungs- und Zulassungsverfahren im Land Brandenburg - Handlungsanleitung, Fachbeiträge des Landesumweltamtes, Titelreihe Nr. 29, Potsdam

Müller J-C (1997) Überlegung zur Schaffung eines hypermedialen Lernprogramms für die Kartographie in: Kartographische Schriften, Band 2, 90-93, Kirschbaum Verlag, Bonn

Schmidt M. Dumke A, Henke A (1997) Entwicklung eines Planungsinstrumentes zur Steuerung der Flächeninanspruchnahme von Böden, in: Materialien zum Bodenschutz 2/ 1997, 2. Sächsische Bodenschutztage 1997, Tagungsband, Staatministerium für Umwelt und Landesentwicklung (Hrsg.), VII/1 - VII/19, Format Druckerei Th. Seefried, Dresden

Schrader C (1998) Das neue Bundes-Bodenschutzgesetz, Wasser & Boden, 50/5, 8-13, Blackwell Wissenschafts-Verlag Berlin

Schraps W G, Schrey H P (1997) Schutzwürdige Böden in Nordrhein-Westfalen - Bodenschutz-Fachbeitrag zum Gebietsentwicklungsplan, Mittlg. d. Dt. Bodenkundl. Gesellsch., 85, II, 769-772

UM BW, Umweltministerium Baden-Württemberg (1995) Bewertung von Böden nach ihrer Leistungsfähigkeit, Leitfaden für Planungen und Gestattungsverfahren, Luft Boden Abfall, Heft 31, UM-20/95

UVF, Umlandverband Frankfurt (1998) Umweltbewertung, Band 1, Methoden zur Umweltbewertung in Umweltschutz und Landschaftsplanung des Umlandverbandes Frankfurt, Umlandverband Frankfurt, Dezernat IV, Abteilung Umweltschutz

„Abfallprodukte" des historisch-subrezenten Erzbergbaus als Ursache von Schwermetallbelastungen?

Manfred Frühauf

Die über 800 Jahre lang betriebene Kupferschiefergewinnung und -verhüttung im Mansfelder Land hat nicht nur zu beträchtlichen Veränderungen der Landschaft, sondern auch zu Schwermetallbelastungen der Böden geführt. Obwohl hierfür hauptsächlich ein Belastungstransfer aus den Schmelzhütten verantwortlich ist, wird wiederholt auch auf die Bedeutung des Kupferschieferausstrichs sowie der Halden als Belastungsursache verwiesen.

Die verschiedentlich postulierte Wirkung des Kupferschieferausstrichs als Ursache der festgestellten Bodenbelastung kann nicht bestätigt werden. Falls das Kupfererz überhaupt jemals im Oberboden auftrat, so wurde es schon in der Anfangsperiode abgebaut und damit als „Schwermetallquelle" beseitigt.

Als Ursache der teilweise extrem hohen Bodenschwermetallgehalte treten vielmehr in historischer Zeit geschliffene und oft vergrabene Kleinsthalden in Erscheinung. Durch bodenerosionsbedingte „Exhumierung", tiefgründigere Bearbeitung sowie mechanische Verschleppung wurde auf diesen Standorten das Haldenmaterial großflächig in den A_0-Horizont integriert oder bildet diesen sogar vollständig.

1 Problem- und Zielstellung

Der 800 Jahre während Kupferschieferbergbau im Mansfelder Land (Neuß und Zühlke 1982, Jankowki 1995) hat in unterschiedlicher Form umweltrelevante Spuren und Zeugnisse hinterlassen. Dazu gehören vor allem Bergbauhalden, die sich altersmäßig und hinsichtlich des Stoffbestandes sowie der Form bzw. Größe unterscheiden und typisieren lassen.

Hinsichtlich der Bedeutung dieser Zeugnisse der Kulturlandschaftsentwicklung im Gebiet des östlichen und südöstlichen Harzrandes als Altlasten oder sogar als Emissionsquellen von Schwermetallen werden in den seit der Wende angefertigten zahlreichen Expertisen (u.a. Grün 1991, TÜV Bayern 1991) häufig sehr widersprüchliche Angaben gemacht. Im gleichen Sinne trifft dies für Aussagen zur Rolle des Kupferschieferausstriches am Harzrand als geogene Ursache flächenhafter Bodenbelastungen zu. In mehreren Untersuchungen der AG Geoökologie des Instituts für Geographie der Universität Halle wurde deshalb versucht, diesbezüglich offene Fragestellungen zu klären. Hiervon sollen nachfolgend wesentliche Erkenntnisse vorgestellt werden.

2 Der Kupferschieferausstrich – Ursache geogener Bodenschwermetallbelastung?

Geogene Schwermetallbelastung

Im Bericht des TÜV Bayern (1991) wird hinsichtlich der Ursachen der festgestellten Bodenbelastung westlich der (ehemaligen) Hauptemissionsquellen auf die Bedeutung des Kupferschieferausstrichs verwiesen.

Dieser bildete hier zweifelsohne den Ansatzpunkt für das Einsetzen des Bergbaus. Von hier aus fällt das an der Basis der Zechsteinsedimente auftretende Flöz (Kupfergehalt 1-3 %) flach nach Osten, d.h. in Richtung Zentrum der Mansfelder Mulde, ein (vgl. Abb. 1).

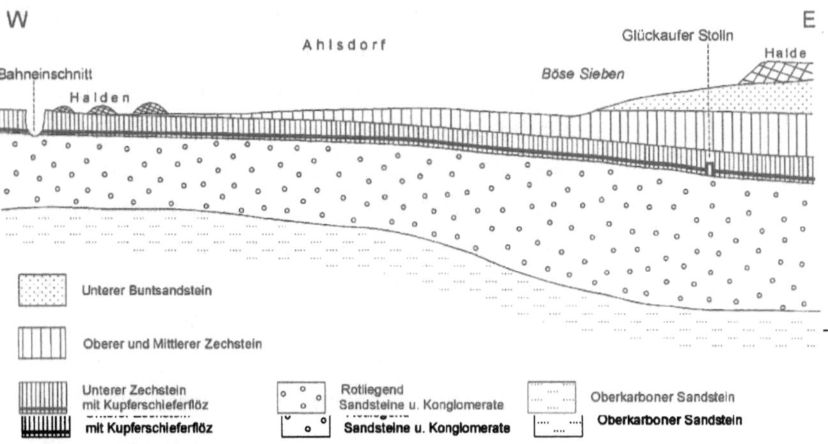

Abbildung 1.
Vereinfachtes geologisches Profil durch den Westrand der Mansfelder Mulde (nach: Hoyningen, aus: Neuß und Zühlke 1982)

Obwohl auch eigene Untersuchungen (Coester 1993) in diesem Raum eine starke Bodenbelastung und Pflanzenschädigung dokumentieren, lässt diese hinsichtlich ihrer Ursachen schon durch die festgestellte starke räumliche Heterogenität, die Musterbildung sowie die z.T. sehr kleinräumigen Wechsel dieser Erscheinungen Fragen hinsichtlich der im TÜV-Bericht genannten Ursachen deutlich werden. Da zudem sowohl die geologischen Messtischblätter als auch die Karten der Bodenschätzung hinsichtlich der Ursachen dieser Phänomene kaum Aussagen erkennen ließen, wurden in diesem Gebiet detaillierte geomorphologisch-bodenkundliche Geländeaufnahmen und Beprobungen durchgeführt.

Gleichzeitig wurde versucht, mittels eigener Befliegungen Erkenntnisse zur räumlichen Dimension der Bodenbelastung zu gewinnen (Lorenz 1996, Oertel 1998).

Dabei ist im Bereich des Kupferschieferausstriches, aber auch in den östlich daran anschließenden Gebieten eine intensive, bergbaulich bedingte Standortveränderung zu beobachten, die zu einer starken Veränderung und Überprägung des (natürlichen) Bodenhorizont- bzw. Schichtaufbaus führte. Dies verwundert allerdings kaum, da der Beginn des Bergbaus vor 800 Jahren natürlich zuerst an den günstigsten Standorten stattfand, nämlich dort, wo das im Durchschnitt nur 40 bis 60 cm mächtige Kupferschieferflöz oberflächennah auftrat. Diese frühmittelalterlichen Bergleute wussten dabei zudem recht gut zwischen reicheren und ärmeren Flözabschnitten (Rote Fäule) zu unterscheiden (Jankowski 1995).

Damit wird verständlich, dass der Kupferschieferausstrich, wenn er überhaupt jemals eine größere Oberflächenwirksamkeit hatte, bereits in historischer Zeit weitestgehend durch Bergbau beseitigt wurde.

Es war deshalb gleichfalls nicht erstaunlich, dass der Nachweis des Kupferschieferausstrichs trotz intensivster Geländeerkundungen nur mittels Bohrkernsondierungen und dann nur unter einer mehr oder weniger mächtigen Löß-(lehm-)decke gelang, da diese Sedimente mit wechselnder Mächtigkeit nahezu vollständig die meso- und paläozoischen Festgesteine überlagern (Abb. 2).

vgl. Abbildung 2, nächste Seite

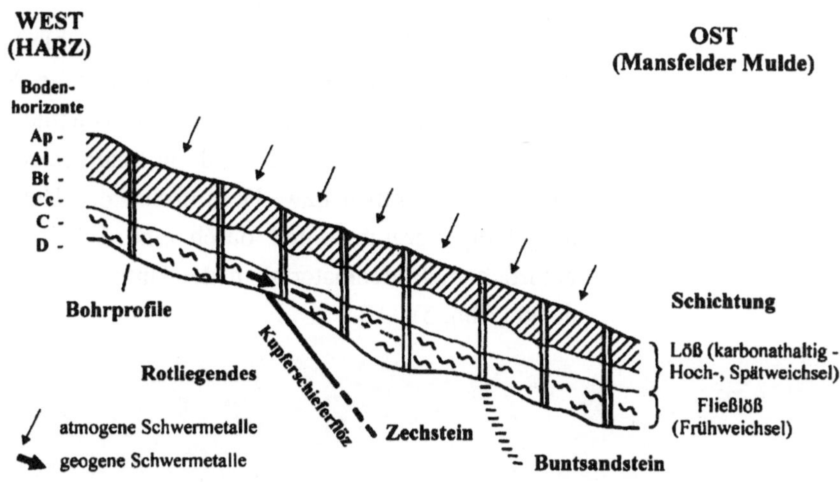

Abbildung 2.

Idealisiertes geologisch-bodenkundliches Profil im Bereich des Kupferschieferausstrichs (Entwurf: Frühauf)

Obwohl diese Lößlehmdecke an vielen Stellen zwar bereits bodenerosionsbedingt verkürzt vorliegt, muss davon ausgegangen werden, dass sie früher eine noch viel größere Bedeutung als flächenhaft prägendes Substrat der Oberbodenhorizonte hatte. Damit wird offensichtlich, dass der (direkte) Oberflächenausstrich des Kupferschieferflözes kaum als flächenhaft bedeutsames Phänomen auftritt und daher auch nicht in der von mehreren Bearbeitern geäußerten Form als Ursache für das Auftreten der hier zu verzeichnenden Boden- und Pflanzenbelastung verantwortlich sein kann.

Geringer direkter geogener Einfluß

Hierfür spielt vielmehr der in seiner Dimension bisher völlig unterschätzte (historische) Prozess der Aufarbeitung und anschließenden Vergrabung von Kleinsthalden(-material) die entscheidende Rolle. Über dessen Ursachen, Technologien, zeitliche Einordnung sowie Flächendimension berichten Oertel und Frühauf (1999).

Hauptursache ist Freilegung von Kleinsthalden

An dieser Stelle soll deshalb nur darauf verwiesen werden, dass das Hauptziel dieser Haldenschleifung darin bestand, die für die landwirtschaftliche Nutzung „störenden" mittelalterlichen Kleinsthalden zu beseitigen. Deren Material wurde in unterschiedlich strukturierte Gräben bzw. Hohlformen der Haldenumgebung vergraben und durch eine Schicht aus natürlichem Bodenmaterial in der Umgebung überdeckt (Abb. 3).

Abbildung 3.
Profil eines Standortes mit vergrabenem Haldenmaterial bei Ahlsdorf mit allochthoner Lößüberdeckung (Foto: Oertel)

Dadurch, vor allem aber durch die nachfolgende bodenerosionsbedingte „Exhumierung" sowie eine anteilige (mechanische) Verschleppung wurde das Verbreitungsgebiet dieser Schiefermaterialien beträchtlich ausgedehnt. So belegen Untersuchungen von Oertel (mdl. Mitt. 1999) in einem 36 ha großen Testareal, dass gegenwärtig hier auf ca. 10 ha Ackerfläche Schiefermaterialien im Ober- und Unterboden nachweisbar sind.

Er kommt zu der Feststellung, dass zu den heute hier verbreiteten Kleinsthalden noch einmal ca. 35-50 % hinzugerechnet werden müssen, um eine Vorstellung von der Anzahl dieser historischen Bergbaurelikte vor Beginn der Vergrabungsaktivitäten zu bekommen. In diesem Zusammenhang muss sogar davon ausgegangen werden, dass begünstigt durch die großflächige Agrarstruktur sowie die hier vorkommenden Löß- bzw. Lößlehmböden (degradierte Schwarz- und Parabraunerden) diese Abtragungsprozesse in den letzten Jahrzehnten sogar zu einer beschleunigten Freilegung der vergrabenen Halden geführt haben.

Freilegung der Kleinsthalden erfolgte großflächig

Aus den Geländebeobachtungen, den eigenen Aufnahmen aus einem Flugzeug sowie nach detaillierten Recherchen der vorhandenen CIR-Luftbilder kann resümiert werden, dass solche Haldenvergrabungen in dem sich östlich des Kupferschieferausstrichs am Harzrand anschließenden Raum keine singuläre, sondern eine flächenhafte Erscheinung darstellen (Abb. 4).

vgl. Abbildung 4, nächste Seite

Durch diese Erscheinungen wurde die Standortqualität in mehrerer Hinsicht beeinträchtigt. Dies betrifft zum einen die Reduzierung der Sorptions- und Feldkapazität, aber auch der mechanischen und physiologischen Gründigkeit bzw. Durchwurzelbarkeit. Selbst wenn über dem Haldenmaterial noch eine geringmächtige Schicht mit humosem Lößsubstrat auftritt, wirken die unterlagernden Schiefer auf Grund ihrer Nährstoffarmut und infolge des geringen Verwitterungsgrades für die Pflanzenwurzeln oftmals als mechanische und physiologische Barrieren.

Abbildung 4.
Vegetationsschäden bzw. -ausfall auf Vergrabungsstrukturen westlich von Benndorf
(Foto: Oertel, aus: Oertel und Frühauf 1999)

Hohe Schwermetallgehalte
vgl. Abbildung 5,
nächste Seite

Vor allem werden dadurch jedoch hohe Schwermetallbelastungen hervorgerufen. Für deren Ausmaß ist auch von Bedeutung, dass bei diesen Vergrabungen hauptsächlich die ältesten Haldengenerationen aufgearbeitet bzw. geschliffen wurden. Diese wiesen nicht nur die höchsten Metallgehalte im Haldenmaterial, sondern auch eine durch entsprechend längere Verwitterungseinwirkungen bedingte erhöhte Metallfreisetzung auf (Abb. 5).

Der Kontaminationsgrad dieser Standorte hängt darüber hinaus auch davon ab, ob die Oberbodenhorizonte (schon) durch Schiefer geprägt sind oder das Material des Ap-Horizontes zumindest noch anteilig (allochthones) Bodensubstrat enthält. Unterhalb der schiefergeprägten Schichten reduzieren sich die Metallwerte „sprungartig" auf die für Löß charakteristischen natürlichen Grundgehalte.

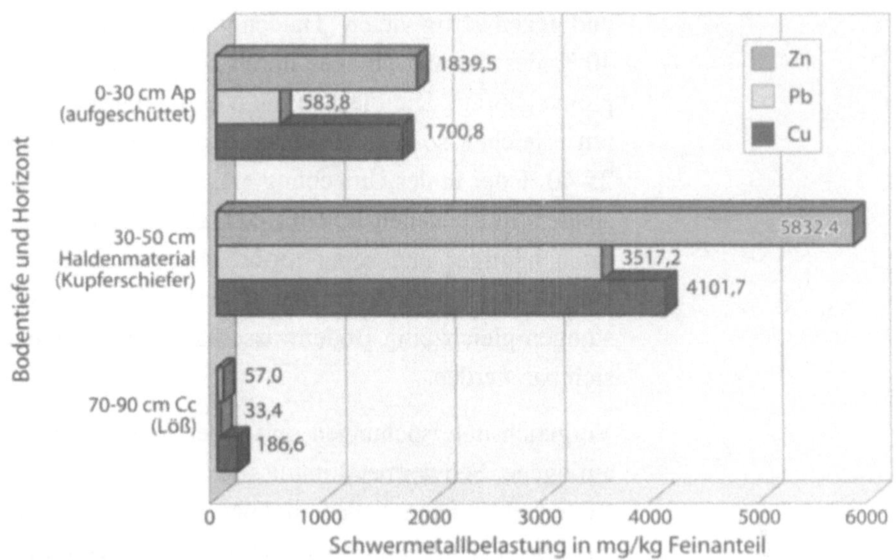

Abbildung 5.
Schwermetallgehalte in einem Bodenprofil über vergrabenem Haldenmaterial

Da gegenwärtig unter diesen Standortverhältnissen kaum noch von einer größeren atmogenen Schwermetallzufuhr ausgegangen werden kann, lassen sich die in den Kulturpflanzen ermittelten Metallgesamtgehalte nur über den Bodentransfer erklären.

Während für Kupfer und Blei die Pflanzengehalte zwischen 3 und 10 % der Bodenbelastung erreichen, liegen diese Werte für die mobileren Elemente Zink und Cadmium mit Durchschnittsgehalten zwischen 35 und 59 % relativ hoch. Bemerkenswert erscheint hierbei vor allem das hohe Zinkakkumulationsvermögen der Pflanzen. So waren an einigen Untersuchungsstandorten im Erntegut (Weizen) mit 330 mg/kg sogar ähnlich hohe Schwermetallgehalte wie im Boden feststellbar (Oertel 1998).

Die Vegetationsschädigungen unter diesen Standortverhältnissen reichen von Mindererträgen bis zum vollständigen Ertragsausfall.

Hohe Bioakkumulation

Landwirtschaftliche Ertragsausfälle durch Schwermetalle

Auf Schlägen mit einer früher hohen Haldendichte und gegenwärtig vielen „Haldengräbern" sind bis zu 40 % des Gesamtschlages durch solche Schadsymptome geprägt. Die Flächen mit Vergrabungsstrukturen erreichen so im Durchschnitt oftmals nur noch 25-40 % der in der Umgebung erzielten Erträge. Besonders in trockenen Jahren treten auf diesen Standorten häufiger und sogar großflächig Totalausfälle auf, womit neben den genannten stofflichen Belastungen gleichzeitig Bodenwasserhaushaltsprobleme sichtbar werden.

Vergleichsuntersuchungen mit überwiegend durch atmogene Schwermetallimmission hervorgerufenen Bodenbelastungen ließen darüber hinaus erkennen, dass die Schwermetallverfügbarkeit auf diesen durch „schiefermaterialbürtige" Schwermetalle geprägten Standorten deutlich niedriger ist.

So erreichen die pflanzenverfügbaren Metallanteile (Ammoniumnitratextrakt) für die Elemente Cu, Pb und Zn größtenteils weniger als 1 % der im Königswasserauszug ermittelten Schwermetallgesamtgehalte. Nur für das in ökotoxikologischer Hinsicht „brisantere" Cadmium wurden diesbezüglich schon 8 bis 13 % der Königswasserwerte erreicht. Bei den durch atmogene Belastungen gekennzeichneten Flächen östlich der ehemaligen Schmelzhütten liegen demgegenüber die pflanzenverfügbaren Gehalte für Cu, Pb und Zn zwischen 8 und 12 % , für Cd sogar bei 22 % der Gesamtgehalte (Oertel und Frühauf 1999).

Abschließend sollte nicht unerwähnt bleiben, dass die hier wirtschaftenden bäuerlichen Unternehmen neben dem Minder- und Mangelertrag auch steuerlich benachteiligt sind, da die Haldenvergrabungen in den Bodenwertzahlen der Reichsbodenschätzung der dreißiger Jahre kaum berücksichtigt wurden.

In den Flur- und Reichsbodenschätzungskarten sind nur an ganz wenigen Standorten diese Vergrabungsstrukturen erkannt und berücksichtigt worden. Man findet dann im Unterschied zu den umgebenden Lößstandorten (L3Lö) eine Einstufung als Verwitterungsstandort (sL4V), dessen Bodenwertzahlen mit 45 bis 50 deutlich unter denen der angrenzenden Flächen (80-85) liegt.

3 Schwermetallemission aus Bergbauhalden

Ebenso wie hinsichtlich der Umweltrelevanz des Kupferschieferausstrichs ergeben sich auch bezüglich der von den unterschiedlichen Halden ausgehenden Belastungswirkung auf die umgebenden Böden und Pflanzen sehr widersprüchliche Aussagen. Wiederholt wird dabei auf das Gefährdungspotential hinsichtlich der Schwermetallemission verwiesen.

Bei den durch die AG Geoökologie zu diesem Problemfeld durchgeführten Untersuchungen wurde davon ausgegangen, dass für eine Erfassung und Bewertung potentieller Emissionspfade nicht nur exogene, sondern auch haldeninterne Faktoren Bedeutung haben (Abb. 6). Dabei wird plausibel, dass die Schwermetallemission aus den Halden in starkem Maße durch die Haldenzusammensetzung geprägt wird. Diese wiederum hängt wesentlich vom Abbaualter, den Abbaubedingungen und -technologien ab. Die im Mansfelder Land vorhandenen Kleinst-, Flach- und Spitzkegelhalden lassen somit jeweils unterschiedliche Stoffbestände erkennen (Jankowski 1995, Schmidt und Frühauf 1996). Danach können die Flach- und Spitzkegelhalden in Stollen- und Abbauhalden typisiert werden.

vgl. Abbildung 6, nächste Seite

Metallemissionen abhängig vom Haldentyp

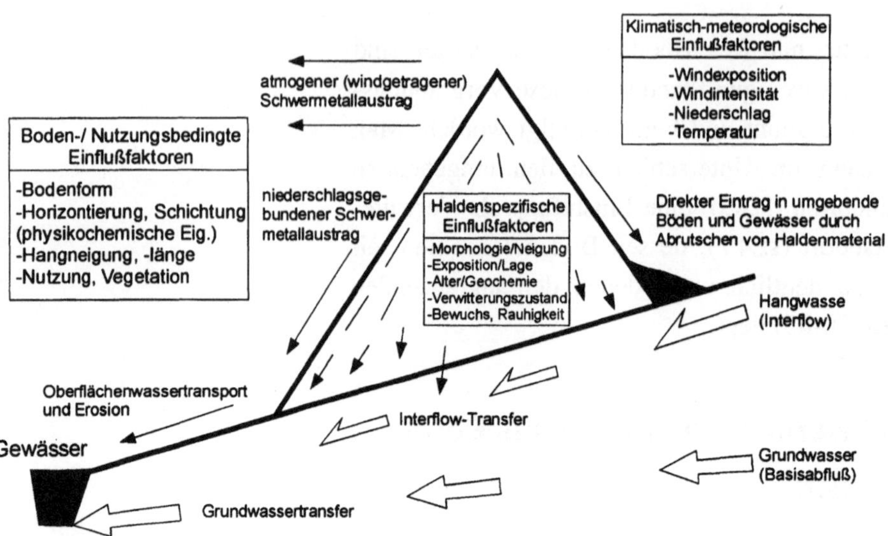

Abbildung 6.

Potentielle Emissionspfade für Schwermetalle aus Halden des Kupferschieferbergbaus und sie beeinflussende Faktoren (Entwurf: Frühauf, aus: Schmidt und
Frühauf 1997)

Neben nahezu metallfreiem (Dach-)Bergematerial
(Zechsteinkalk, anhydrit, -konglomeraten, -steinsalz)
sind auch metallführende Materialkomponenten (so-
genannte Ausschläge) in den Halden anzutreffen.
Bei letzteren handelt es sich im Wesentlichen um
Kupferschiefererz, bei dem infolge der geringen
Kupferkonzentrationen die sogenannte Kläubegrenze
(Jankowski 1995, Schmidt 1997) unterschritten war.
Im Vergleich zu den Flach- und vor allem den Spitz-
halden weisen die Kleinsthalden die höchsten
Schwermetallgehalte auf, gleichzeitig aber auch den
intensivsten Verwitterungsgrad sowie den größten
Feinerdeanteil. Dies lässt sich vor allem dadurch er-
klären, dass es sich hierbei um Material handelt, das
zum Abbauzeitraum technologisch nicht verhüttbar
erschien und deswegen auf Halde gebracht wurde.

In den ältesten, heute teilweise vegetationsbestandenen Kleinsthalden liegen die Metallgehalte in den feinerdereichen Oberbodensubstraten lokal bei über 40000 mg/kg Blei und Zink oder 14000 mg/kg Kupfer (Klinger 1996). Hierfür spielt der „Beschleunigungseffekt" der Vegetations- und Bodenentwicklung für den Verwitterungs- und Metallfreisetzungsprozess eine nicht unwesentliche Rolle.

Hohe Metallemissionen durch alte Kleinsthalden

Die eigenen Untersuchungen konzentrierten sich sowohl auf den äolischen als auch den wassergetragenen Schwermetallaustrag. Hinsichtlich der mittels unterschiedlicher methodischer Ansätze verfolgten Untersuchungen zu den äolischen Schwermetallausträgen konnten für alle Haldentypen nur unbedeutende Emissionswirkungen nachgewiesen werden (Coester 1993). Die diesbezüglich gerade für die Spitzkegelhalden geäußerten Vermutungen konnten somit nicht bestätigt werden.

Dies wird wiederum unter Berücksichtigung ihres (altersbedingten) geringen Verwitterungsgrades vor allem aber durch ihren Stoffbestand selbst, der kaum metallführendes Material, sondern hauptsächlich Zechsteinkalk und -gips enthält, erklärbar. Auch die dadurch bedingte haldeninterne Pufferung trägt hierzu bei (Jahn et al. 1996, Schreck und Gläßer 1996, Schmidt 1997).

Die Erfassung der (partikulären und gelösten) wassergetragenen Metallemission ließ demgegenüber höhere, haldentypabhängige Schwermetallausträger sichtbar werden. Wie Abbildung 7 verdeutlicht, trifft dies allerdings für die Spitzkegelhalden kaum, für die Flachhalden und vor allem für die Kleinsthalden jedoch schon in bedeutenderem Maße zu (Schmidt und Frühauf 1997).

vgl. Abbildung 7, nächste Seite

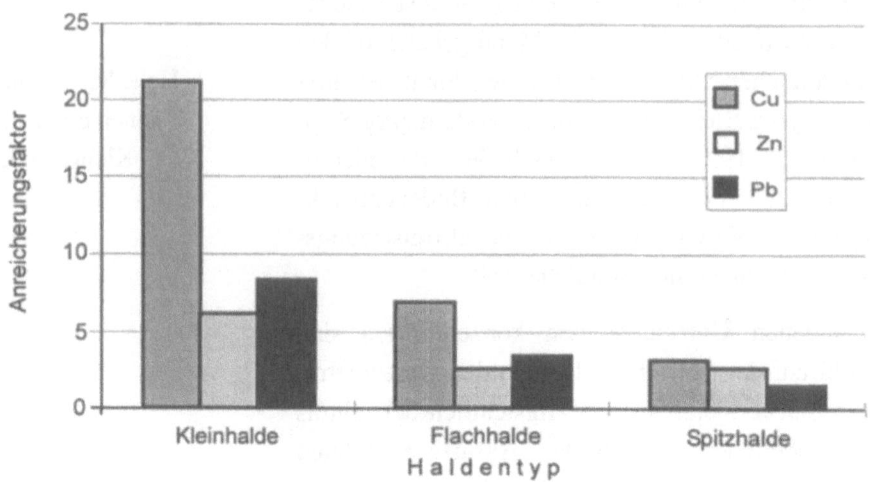

Abbildung 7.
Schwermetallanreicherung im Haldensickerwasser unterschiedlicher Haldentypen (aus: Schmidt und Frühauf 1997)

Unter Beachtung der oben getroffenen Aussagen verwundert es kaum, dass die in den Sickerwasserausträgen der Kleinsthalden ermittelten Metallanteile im Vergleich zu den im Niederschlag bestimmten Werten die höchsten Anreicherungen aufwies (Klinger 1996). Interessant war dabei, dass eine über das Sickerwasser bedingte Schwermetallmigration in die Böden unterhalb der Halde kaum auftrat. Infolge der verdichteten (ehemaligen) Geländeoberfläche kann dieses Haldensickerwasser kaum in den Boden eindringen und daher nur überwiegend lateral zum Haldenfuß hin abfließen. Der dadurch hervorgerufene Kontaminationseffekt auf die Umgebung ist bei Flachhalden oftmals größer als bei Kleinsthalden.

Dies stellt jedoch keinen Widerspruch zu den gemachten Angaben über die festgestellten Metallkonzentrationen im sickerwassergetragenen Metalltransfer dar, sondern ergibt sich vor allem auf Grund des höheren Sickerwasseranfalls infolge des größeren Haldenvolumens sowie der mengenmäßig hierin enthaltenen Schwermetallkomponenten.

Der durch den wassergetragenen Schwermetallaustrag bedingte Belastungseffekt für die Böden der Haldenumgebung ist insgesamt als gering zu bezeichnen. Selbst die unmittelbar am Haldenrand in den Ah-Horizonten ermittelten Metallgehalte liegen bei allen Elementen nur in wenigen Fällen oberhalb des Bodenwertes II der nutzungsbezogenen Orientierungswerte für landwirtschaftliche Nutzungen (Eickmann und Kloke 1994). Sie erreichen damit Werte, wie sie auch aus anderen Erzbergbaugebieten bekannt wurden (Zumbroich et al. 1994).

In Abbildung 8 wird der Gradient der Abnahme der Schwermetallanreicherungen in Bezug zu der am Haldenrand ermittelten Konzentration (= 100 %) dargestellt. Hieraus wird erkennbar, dass ein Belastungseffekt auf die umgebenden Böden meistens nur bis zu einer Entfernung von 10 m nachweisbar ist. Dabei zeigen sich elementspezifische Variationen, indem die mobileren Metalle in 10 m Entfernung noch zwischen 30 und 50 % der Werte unmittelbar neben der Halde aufweisen. Die wesentlich stärkere Abnahme der Metallgehalte in den untersuchten Oberböden bei Cu und Pb ergibt sich neben ihrer geringeren Mobilität auch durch eine schnellere und stärkere Festlegung (Cu) im biochemischen Kreislauf (Schmidt et al. 1992). Jenseits dieses 3 m (Cu, Pb) bzw. 10 m (Ni, Zn, Cd) breiten Streifens vollzieht sich jedoch keine weitere Abnahme der Metallkonzentrationen mehr.

Geringe Belastungsausbreitung, vgl. Abbildung 8, nächste Seite

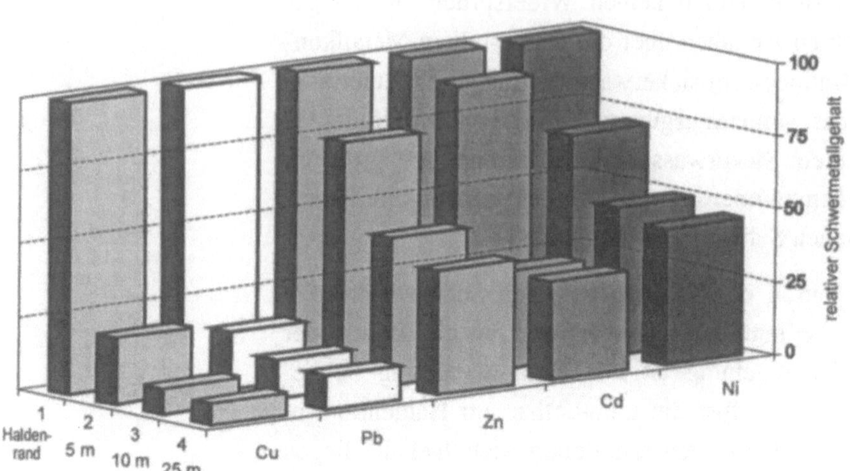

Abbildung 8.
Abnahme der Schwermetallkonzentration in den A_h-Horizonten mit Zunahme
der Entfernung vom Haldenrand (= 100%)

Gute
Puffereigenschaften
der Böden

Sowohl die absoluten Gehalte als auch die Verhältnisse zueinander verändern sich bis in eine Entfernung von mehreren hunderten Metern kaum noch.
Dieses uniforme Belastungsbild erklärt sich hauptsächlich durch Immission aus den ehemaligen Hüt-
tenschornsteinen.

Diese durch Haldenausträge bedingten Schwermetallbelastungen in den umgebenden Böden sind allerdings sowohl in ihrer absoluten Dimension, vor
allem aber hinsichtlich ihrer ökologischen Relevanz
kaum als bedenklich einzustufen. Da die hier verbreiteten Löß-Schwarzerden, Lößlehm-Parabrauner-
den und Pararendzinen überaus günstige Sorptions-
und Puffereigenschaften (KAK_{eff} teilweise über 100
mval/kg) sowie pH-Werte (7 bis 8) besitzen, werden
diese Kontaminationen sehr gut „kompensiert".

Dies belegen u.a. auch die neben den Schwermetallgesamtgehalten ermittelten wasserlöslichen Anteile. Sie erreichen überwiegend weniger als 1 % der Gesamtgehalte und dokumentieren somit, dass nahezu fast alle Schwermetalle immobilisiert vorliegen.

Für Blei wurden in 62 Proben sogar überhaupt keine wasserlöslichen Anteile angetroffen; ansonsten liegen die wasserlöslichen Gehalte in 99 % der Fälle unter 1 mg/kg. Ähnlich ist die Situation bei Zink, wo wasserlösliche Metallanteile nur in 7 % der Proben mehr als 1 mg/kg aufweisen. Auch für Kupfer liegen nahezu vergleichbare Minimalgehalte an wasserlöslichen Schwermetallen vor. Damit wird deutlich, dass trotz lokal hoher Gesamtmetallgehalte, die „Gefahr" eines horizontalen und vertikalen Metalltransfers in die Pflanzen bzw. das Grundwasser unter diesen Standortverhältnissen kaum gegeben ist. Dies trifft im Übrigen auch für den Schwermetalltransfer über den oberflächennahen Interflow in die Vorfluter zu, so dass die manchmal (auch) diskutierte Funktion dieser Standorte als Stoffquellen zumindest hinsichtlich des Schwermetalltransfers als überaus minimal zu bezeichnen ist (Schmidt 1997). Ein höherer Kontaminationseffekt, der auch für benachbarte Vorfluter relevant wird, konnte nur dann beobachtet werden, wenn es infolge größerer Hangneigung bzw. stärkerer Niederschlagsereignisse zu direkten Materialabspülungen oder Abbrüchen kam und sich dadurch ein „Metallschub" vollzog. Im gleichen Sinne – wenn auch in geringerer Dimension – können bevorzugt nach Hochwasserereignissen auftretende Uferabbrüche oder Einträge von (kontaminiertem) Bodenerosionsmaterial zu kurzzeitigen Erhöhungen der gelösten und partikulären Metallgehalte in den Vorflutern führen (Poggel 1995).

4 Zusammenfassung

Die eigenen Untersuchungen verdeutlichten, dass die teilweise geäußerten Vermutungen über die vom Kupferschieferausstrich sowie den Bergbauhalden ausgehende Schwermetallemissions- und Belastungswirkung auf die umgebenden Böden und die hier vorkommenden Pflanzen als kaum zutreffend zu bezeichnen ist. So sind die im Umfeld des Kupferschieferausstrichs und der Kleinsthaldenfelder vorkommenden Boden- und Pflanzenschädigungen bzw. -belastungen vielmehr durch geschliffene Halden zu erklären, deren Material in historischer Zeit vergraben, in der Zwischenzeit durch Bodenerosionsprozesse aber wieder „exhumiert" wurde. Dadurch wurde und wird die Standortqualität dieser Bereiche durch hohe Schwermetallkonzentrationen sowie schlechte bodenphysikalische Eigenschaften (Feldkapazität, Gründigkeit) stark herabgesetzt, so dass Wuchsstörungen bis hin zu großflächig vorkommenden totalen Ertragsausfällen vorkommen.

Hinsichtlich der Schwermetallemissionen aus den Bergbauhalden wurden sowohl für den äolischen als auch den wassergetragenen Transfer nur geringe Belastungswirkungen für die umgebenden Böden ermittelt. Dabei zeigen sich allerdings halden- und elementspezifische Variationen, die vor allem von der Zusammensetzung und dem Alter dieser Bergbaurelikte bestimmt werden. Obwohl hierbei der wassergetragene Metallaustrag bedeutsamer als der äolische ist, was besonders für die Kleinsthalden zutrifft, konnte eine wie verschiedentlich vermutete und von Mayer-Ullmann (1995) an Erzbergbauhalden im Kraichgau festgestellte „Hot Spot"-Belastung auf die umgebenden Böden nicht nachgewiesen werden.

5 Literatur

Coester D (1993) Ermittlung und Bewertung von Schwermetallgehalten ackerbaulich genutzter Böden in der Umgebung von Bergbauhalden des ehemaligen Mansfelder Kupferbergbaus. Unveröff. Diplomarbeit, Inst. für Geographie, Universität Halle

Eikmann T, Kloke A (1994) Ableitungskriterien für die EICKMANN-KLOKE-Werte. Dechema – Fachgespräch Umweltschutz, 469-500

Grün M (1991): Untersuchungen zum Schwermetalleintrag in die Nahrungskette im Mansfelder Land. Unveröff. Manuskript, Inst. für Pflanzenernährung und Ökotoxikologie, Universität Jena

Jahn S, Matheis G, Schreck P (1996) Lösungsverhalten typischer Haldenkomponenten am Standort Helbra. In: Schreck P, Gläßer W (Hrsg) Reststoffe der Kupferverhüttung, Teil 1: Mansfelder Kupferschlacken, UFZ-Bericht, Leipzig/Halle

Jankowski G (1995) Zur Geschichte des Mansfelder Bergbaus. Clausthal-Zellerfeld

Klinger D (1996) Halden des Altbergbaus im Mansfelder Land als Schwermetallemittenten. Unveröff. Diplomarbeit, Inst. für Geographie, Universität Halle

Lorenz B (1996) Der Kupferschieferausstrich am östlichen Harzrand und seine Auswirkungen auf die Bodenschwermetallgehalte. Unveröff. Diplomarbeit, Inst. für Geographie, Universität Frankfurt/Main

Mayer-Ullmann K (1995) „Hot Spot"-Belastung durch ehemaligen Bergbau. Mitt. d. Deutschen Bodenkundl. Ges. 76:1333-1336

Neuß E, Zühlke D (1982) Mansfelder Land. Werte unserer Heimat 38

Oertel T (1998) Untersuchung und Bewertung von geogenen und anthropogenen Bodenschwermetallanreicherungen als Basis einer geoökologischen Umweltanalyse im Raum Eisleben-Hettstedt. Beiträge der 3. Tagung zur geographischen Umweltforschung in Mitteldeutschland, UZU Schriftenreihe, N.F. 2:33-43

Oertel T, Frühauf M (1999) Bedeutung geogener Ursachen für die Schwermetallbelastung von Böden im Mansfelder Land. Hercynia 32:111-126

Poggel M (1995) Schwermetalle in den Bachsedimenten des Dippelsbaches und der Bösen Sieben im Mansfelder Kupferschieferrevier. Unveröff. Diplomarbeit, Inst. für Geographie, Universität Köln

Schmidt G (1997) Umweltbelastung durch Bergbau – Der Einfluss von Halden des Mansfelder Kupferschieferbergbaus auf die Schwermetallführung der Böden und Gewässer im Einzugsgebiet Süßer See. Unveröff. Dissertation, Inst. für Geographie, Universität Halle

Schmidt G, Frühauf M (1996) Abschlussbericht zum DFG-Vorhaben „Analyse und Modellierung von Stoffeintrag, -transport und Schwermetallbelastung im Einzugsgebiet von Böser Sieben und Salzgraben". Inst. für Geographie, Universität Halle

Schmidt G, Frühauf M (1997) Untersuchungen zur Bedeutung der Schwermetallemission aus den Halden des Mansfelder Kupferschieferbergbaus als Ursache von Boden- und Fließgewässerbelastungen. Hercynia 30:177-193

Schmidt G, Zierdt M, Frühauf M (1992) Die wassergebundene Schwermetallemission aus Halden des Mansfelder Kupferschieferbergbaues in das Vorflutungssystem des Süßen Sees. Geoökodynamik XIII:153-172

Schreck P, Gläßer W (1996) Reststoffe der Kupferschieferverhüttung, Teil 1: Mansfelder Kupferschlacken. UFZ- Bericht, Leipzig/Halle

TÜV Bayern (1991) Abschlussbericht zum Forschungs- und Entwicklungsvorhaben „Umweltsanierung Mansfelder Land". Erstellt im Auftrag des Bundesministeriums für Umwelt, Naturschutz und Reaktorsicherheit von der AG TÜV Bayern/L.U.B. Lurgi-Umwelt-Beteiligungsgesellschaft, Eisleben

Zumbroich T, Herweg U, Müller A (1994) Zur Schwermetallbelastung von Nutzpflanzen in einer Region mit ehemaligem Erzbergbau. Wasser & Boden 44(1):26-30

Gewässerversauerung und Bodenzustand in einem Einzugsgebiet im Oberen Westerzgebirge

Carsten Lorz

Die Oberflächenwässer im Einzugsgebiet der oberen Großen Pyra in den bewaldeten Hochlagen des Westerzgebirges weisen erhebliche Belastungen durch hohe Aluminium- und Mangan-Gehalte sowie niedrige pH-Werte auf. Es treten episodische Versauerungsschübe im Niederschlag und „pH-Schocks" im Oberflächenwasser auf. Letztere werden jedoch nicht direkt durch die eingetragene Säure ausgelöst. Vielmehr handelt es sich um verdrängtes Interstitialwasser aus dem sauren Solum. Dagegen sind bei Basisabflußbedingungen die „höchsten" pH-Werte zu beobachten. Insgesamt lassen sich drei Reaktionsräume als Herkunftsräume des Abflusses identifizieren: Regolith, Saprolith und unverwitterter Untergrund; Solum; Schneedecke.

Die Mehrzahl der erfaßten bodenchemischen Parameter zeigt einen deutlichen Tiefengradienten. Eine Ausnahme bildet das stark gebundene Sulfat, das in allen untersuchten Profilen über die gesamte Profiltiefe verteilt ist. Auf diese gleichförmige Verteilung ist auch der Umstand zurückzuführen, daß Sulfat im Oberflächenwasser keinen deutlichen Zusammenhang zum pH-Wert zeigt. Sulfat wird also sowohl beim Basisabfluß als auch bei höherem Abfluß aus den jeweiligen Reaktionsräumen mobilisiert. Als mögliche episodisch versauernde Stoffe in der Bodenlösung und im Oberflächenwasser werden neben Aluminium auch organische Säuren vermutet.

1 Einleitung

Säurebelastung von
Trinkwasser-
talsperren

Ein Großteil der Wasserversorgung des südsächsi-
schen Raums wird über die Trinkwassertalsperren
des Westerzgebirges gewährleistet. Deren Einzugsgebiete liegen mit großen Flächenanteilen im sog.
„Schwarzen Dreieck", einer Region mit hohen Emissionen und Immissionen atmogener Säurebildner im
Dreiländereck Deutschland (Sachsen), Polen (Schle-
sien) und Tschechien (Nord-Böhmen) (Zimmermann
und Bothmer 1998; Paces 1994). In den Hochlagen
ergeben sich in Verbindung mit geringen Gebiets-
pufferkapazitäten gegenüber diesen Einträgen Belastungen der Oberflächenwässer in Form niedriger
pH-Werte sowie hoher Aluminium- und Mangan-
Konzentrationen. Im vorliegenden Beitrag wird eine
Untersuchung zur zeitlichen Dynamik der Säurebelastung von Oberflächenwässern für das Einzugsgebiet Obere Große Pyra, Westerzgebirge vorgestellt.

Historische
Entwicklung

Arbeiten zur Problematik der Gewässerversauerung
im Westerzgebirge finden sich erst in der jüngeren
Vergangenheit (Lorz 1999, Krüger 1996; STUFA
1996; Keitel 1995; Neumeister et al. 995; Stöcker
1992, 1991; Dässler und Ranft 1989). Hedlich
(1973) weist jedoch schon für die 60er Jahre auf
Grenzwertüberschreitungen des pH-Wertes sowie
der Gehalte an Eisen und Mangan in Rohwässern
aus Talsperren des mittleren und westlichen Erzgebirges hin. Seit den 70er Jahren war die Trinkwassergewinnung in Talsperren des Westerzgebirges bereits nur mit stark erhöhten Aufbereitungskosten
möglich, was auf die Versauerung der Zuflüsse der
Talsperren seit dieser Zeit zurückzuführen ist (Keitel
1995).

Dässler und Ranft (1989) zeigen durch den Vergleich von Werten aus den 50er und 80er Jahren, dass die pH-Werte in anthropogen unbeeinflussten Waldbächen des gesamten Erzgebirges eine mittlere Verringerung um 0,6 pH-Bereiche aufweisen. Die Arbeiten von Neumeister et al. (1995) und Krüger (1996) erfassen die Problematik der Versauerung für das Westerzgebirge und Oberes Vogtland erstmals detailliert auf regionaler Ebene.

Auch der saure Charakter der Böden erweckte früh das Interesse insbesondere der Forstwirtschaft. So beschäftigten die Tharandter Forstbodenkundler Krauss und Mitarbeiter sich mit der Problematik saurer organischer Auflagen des Eibenstocker Granitmassives und angrenzender Gebiete in den 20er und 30er Jahren (Krauss 1928, Krauss et al. 1934, Krauss und Wobst 1935). Diese Autoren wiesen schon damals auf den extrem sauren Charakter der organischen Oberböden im Gebiet hin. In jüngerer Zeit konnten Dässler und Ranft (1989) durch den Vergleich von Daten aus den 50er und 80er Jahren nachweisen, daß die pH-Werte in Böden über granitischem Untergrund im Erzgebirge im unteren Solum (B-Horizonte) pH-Absenkungen von bis zu 1,0 Einheit aufweisen. Mit den Beobachtungen von Krauss und Mitarbeitern deckt sich, dass keine Veränderungen für die organischen Auflagen beobachtet wurden.

Boden-pH-Werte

2 Fragestellung

Im Rahmen des vorliegenden Beitrages werden Säureeintrag und Systemantwort durch Erfassung der Eintragssituation sowie durch die Charakterisierung und Interpretation des zeitlichen Verlaufes der pH-Werte im Oberflächenwasser beschrieben.

Die Charakterisierung der (Teil-) Einzugsgebiete erfolgt durch die Beschreibung ausgewählter Bodeneigenschaften und einer einfachen H^+-Bilanzierung. Versauerungsrelevante Stoffe werden durch den Zusammenhang zwischen pH-Wert und Inhaltsstoffen im Oberflächen- und Bodenwasser bestimmt.

3 Methoden und Untersuchungsgebiet

Siehe Abbildung 1

Das Untersuchungsgebiet umfasst das Einzugsgebiet der Oberen Großen Pyra, Westerzgebirge mit einer Flächen von 5,48 km^2. Es schließt die Kleineinzugsgebiete Butterbächel (0,13 km^2) und Obere Kleine Pyra (0,22 km^2) ein. Durch den Einbau von Wehren und Sonden wurden der pH-Wert, die elektrische Leitfähigkeit sowie der Durchfluss der jeweiligen Hauptfließgewässer der drei Gebiete kontinuierlich bestimmt. An 14 weiteren Beprobungspunkten wurden regelmäßig Wasserinhaltsstoffe (s.u.) untersucht. Die Erfassung des Niederschlag erfolgte über Totalisatoren im Freiland und Bestand. Die Bodenlösung und -festphase wurden über mehrere Saugkerzenanlagen bzw. Profilgruben beprobt.

Für den Boden erfolgte die Ermittlung der effektiven Kationenaustauschkapazität (= KAK$_{eff}$) nach Trüby und Aldinger (1989). Eine einfache gestufte Extraktion von Sulfat wurde in Anlehnung an Alewell (1995) durchgeführt. Dabei wurde davon ausgegangen, daß die Sulfatgehalte in durch Zentrifugation gewonnener Bodenlösung den gelösten Anteil repräsentiert. Die aus Batchversuchen mit Wasser bzw. NaHCO$_3$ stammende Bodenlösung schließt den leicht bzw. schwer mobilisierbaren Anteil ein (Lorz 1999, 31).

Für alle wässerige Lösungen (Niederschlag, Bodenwasser und Oberflächenwasser) wurden nach 0,45 μ-
Filtration die Inhaltsstoffe mit Flammen-Atom-
Adsorption-Spektrometer (Kationen: Ca^{++}, Mg^{++},
K^+, Na^+, Al_{gesamt}, Fe_{gesamt}, Mn_{gesamt}), Ionenchromato-
graph (Anionen: SO_4^{--}, NO_3^{--}, Cl^-) und C/N-
Analysator (gelöster org. Kohlenstoff [= DOC]) bestimmt. Die Bilanzierung des Protoneneintrages und
-austrages wurde mit Hilfe der erfassten Nieder-
schlagsmengen (Bestand und Freiland) und Durch-
flüsse sowie der jeweils ermittelten pH-Werte erstellt
(Lorz 1999, 29).

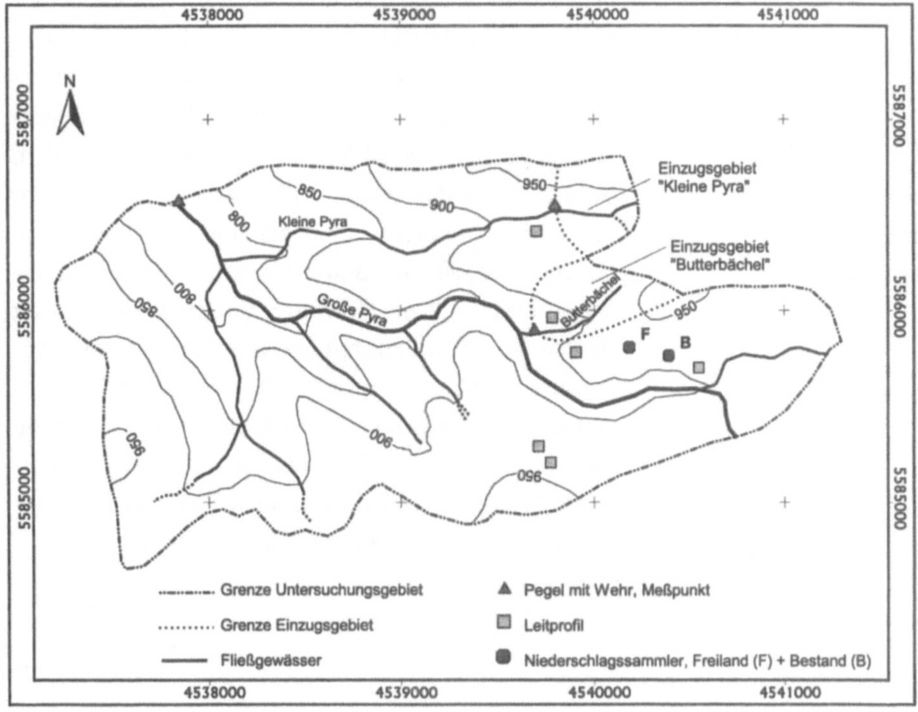

Abbildung 1.
Untersuchungsgebiet Große Pyra, Westerzgebirge

4 Ergebnisse

4.1 Säureeintrag und Systemantwort

Die chemische Zusammensetzung der Bestands- und Freiland-Niederschläge wird durch chronische Belastungen und episodische Versauerungsschübe charakterisiert. Letztere können bis zu einem Siebtel der gesamten Protonen-Jahresfracht (HJ 96/97: Bestand 1,61 kmol ha^{-1} a^{-1}; Freiland 0,95 kmol ha^{-1} a^{-1}) mit sich bringen (Februar 1997).

Die häufigen, niederschlagsbedingten Einbrüche der pH-Werte im Direktabfluss sind im Untersuchungsgebiet nicht vorwiegend aus direkten Protoneneinträgen zu erklären. Vielmehr kommt es bei Niederschlag zu einer Verdrängung der Wässer aus dem Solum durch das Niederschlagswasser. Dabei wird vorhandenes Porenwasser als Interflow aus dem Solum gepresst und durch Niederschlagswasser ersetzt. Das in den Vorfluter übertretende Wasser stammt aus lateralen, hypodermischen Wasserbewegungen (Dyck und Peschke 1995, Flügel 1993, Robson et al. 1993, Muraoko und Hirata 1988, Betson und Marius 1969). Trotzdem konnte bei Niederschlagsereignissen Oberflächenabfluss im Untersuchungsgebiet vereinzelt beobachtet werden.

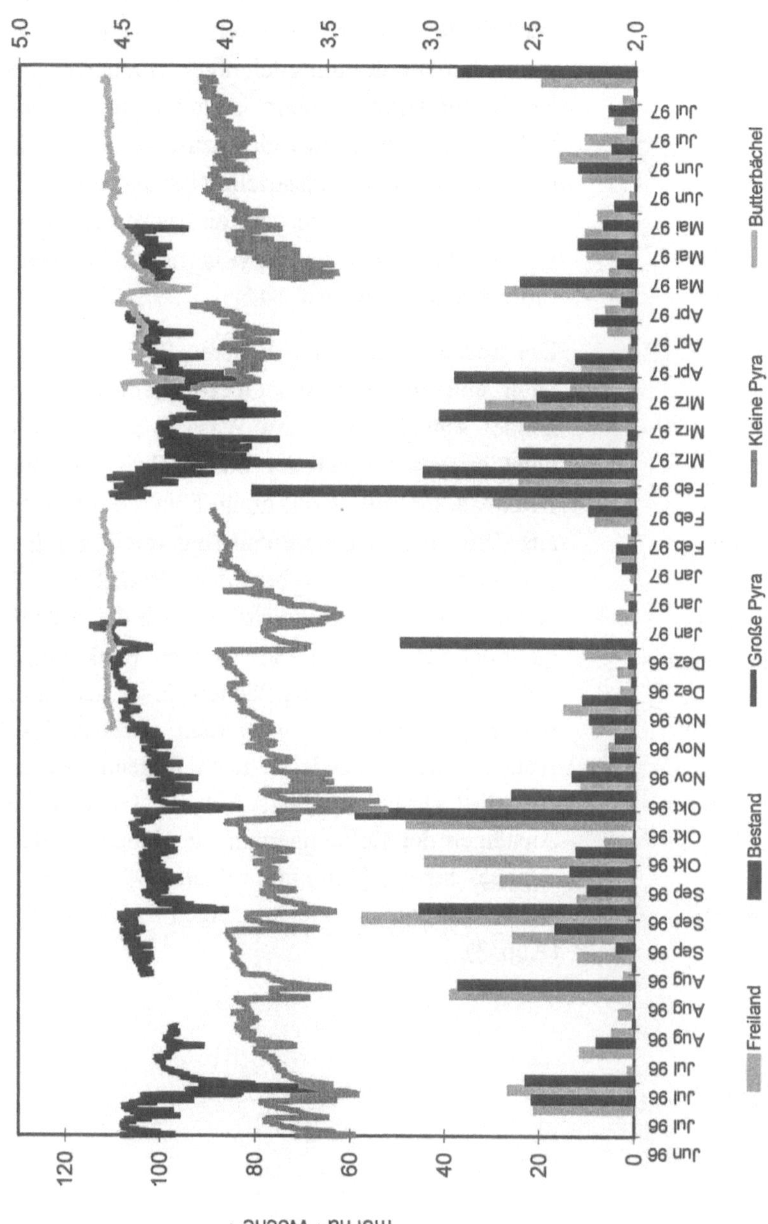

Abbildung 2.

H$^+$-Fracht im Niederschlag (Balken y$_1$-Achse) und pH des Oberflächenwassers (Linie y$_2$-Achse) (Lorz 1999, 98)

Im Untersuchungsgebiet stammt das Oberflächen-wasser während solcher pessimalen Extremereignis-se vorwiegend aus dem Reaktionsraum oberhalb verdichteter basaler Fließerden oder – in den Moo-ren – oberhalb der tonig-lehmigen Granitzersatzdek-ke. Dieser Reaktionsraum ist mit dem versauerten Solum (obere Regolith) gleichzusetzen, das sowohl durch intensive vorindustrielle Nutzung als auch in-dustrielle Säureeinträge stark an basischen Nährstof-fen verarmt ist und nur noch geringe Säureneutrali-sationskapazitäten aufweist.

Die Reaktionsräume mit höheren Pufferungskapazi-täten sind für das in das Oberflächenwasser einge-hende schnelle Interflow-Wasser substratbedingt nicht erreichbar. Nur der Basisabfluss wird durch Grundwasser mit geringfügig höheren pH-Werten aus dem tieferen Untergrund (unterer Regolith und Saprolith) gebildet. Neben dem Boden und dem geologischen Untergrund steuert auch der Abtauvor-gang der Schneedecke – als weiterer Reaktionsraum – die pH-Werte der Oberflächenwässer maßgeblich. Starke pH-Absenkungen werden durch schnelles Abtauen der Schneedecke nach Regenniederschlag ausgelöst (Frühjahr 1997, Abb. 2). Gleichmäßiges Ansteigen der Lufttemperatur als Hauptursache der Schneeschmelze führte im Frühjahr 1996 dagegen zu einer geringeren gleichmäßigen pH-Absenkung (Abb. 3).

Die Schneedecke
als Reaktionsraum

Abbildung 3 siehe
nächste Seite

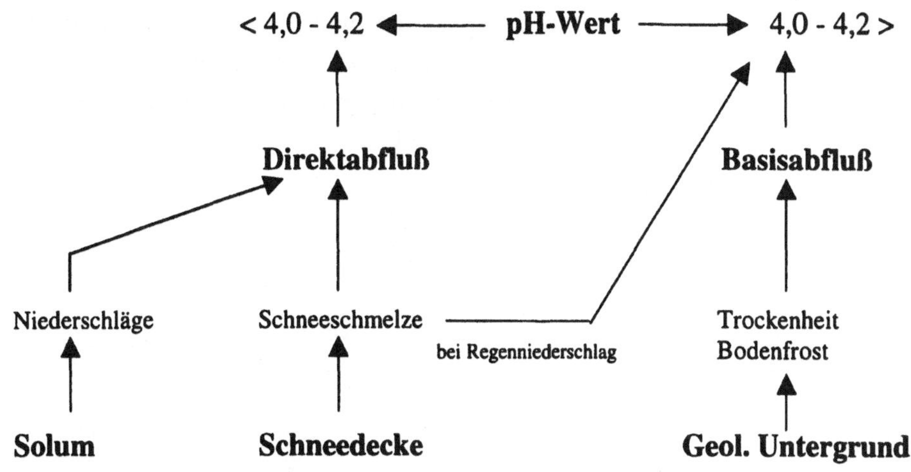

Abbildung 3.
pH-Werte im Oberflächenwasser, Abflusssituation und Reaktionsräume im Einzugsgebiet Große Pyra

4.2 Charakterisierung der (Teil-)Einzugsgebiete

Die aktuellen pH-Werte der Bodenfestphase weisen auf eine hohe potentielle Azidität im Solum und eine geringere Säurespeicherung im Unterboden hin. Da pH-Werte alleine besonders in sauren Waldböden nur einen beschränkten Informationsgehalt besitzen, muss auch die Kationenaustauscherbelegung (Abb. 4) berücksichtigt werden (Rehfuess 1990, 243). Diese wird in fast allen Profilen durch Aluminium dominiert, wie es für die sauren Böden des Erzgebirges charakteristisch ist (SLAF 1995). Neben Aluminium nimmt auch Eisen in den oberen mineralischen Horizonten, besonders in den nicht vererdeten Hangmoorhorizonten (Abb. 4, Profil Hangmoor), einen beträchtlichen Anteil an der Austauscherbelegung ein.

Abbildung 4 siehe nächste Seite

Aluminium und Eisen dominieren bei der Austauscherbelegung

Die hohe Aluminium- und Eisen-Sättigung kann als deutliches Zeichen für eine zunehmende Freisetzung dieser Elemente aufgrund von Versauerungsprozessen angesehen werden.

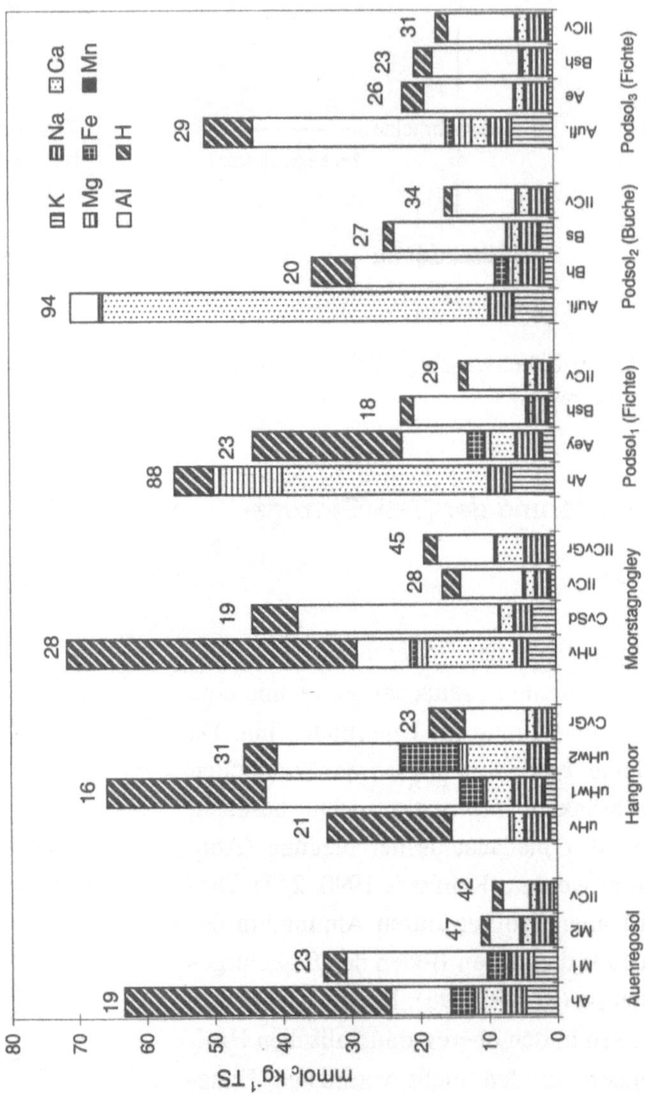

Abbildung 4.
Austauscherbelegung und Basensättigung (BS) in ausgewählten Profilen (Zahlen über den Säulen geben die BS in % an)

In Profilen, die durch Kalkung (Abb. 4, Profil Podsol$_1$ [Fichte]) oder durch Buchenlaubstreu (Abb. 4, Profil Podsol$_3$ [Buche]) beeinflusst werden, ist die Basensättigung in den Oberböden hoch. Der Anteil von Kalzium an der Basensättigung ist in den organischen Auflagen unter Buche wegen der höheren Streuqualität hoch. In gedüngten Profilen ist daneben Magnesium an der Austauscherbelegung vor allem beteiligt.

Abbildung 4 siehe vorherige Seite

Die Basensättigung schwankt im Gegensatz zur KAK$_{eff}$ stark und nimmt mit der Tiefe zu, was als ein Hinweis auf einen mit der Tiefe abnehmenden Einfluss der Versauerung angesehen werden kann. Werden die Anteile von Aluminium und basischen Kationen an der Austauscherbelegung als Maßstab für die Lage der Versauerungsfront angesehen, so kann, wie von Malessa (1994, 163 ff) berichtet, die Dominanz von Aluminium als klarer Indikator für eine unterhalb des Erfassungsbereiches liegende Versauerungsfront angesehen werden. Allerdings bleibt unklar, ob eine Versauerungsfront im Sinne einer abwärts gerichteten Nährstoffauslaugung in historisch übernutzten Böden existiert (vgl. Feger 1993, 185). Die Oberböden zeigen ein abweichendes Bild, da deren Austauscherbelegung stärker durch Protoneneintrag sowie Kalkung beeinflusst werden (Abb. 4). Insgesamt sind die Basensättigungen als mäßig niedrig zu bezeichnen und liegen in dem von Thomas-Lauckner (1966) für das Obere Westerzgebirge mitgeteilten Bereichen. Die vom SLAF (1995, 79) für die Dauerbeobachtungsfläche Klingenthal, Westerzgebirge, ermittelten Extremwerte mit Anteilen der Kationensäuren von über 95 % an der Austauscherbelegung wurden in den untersuchten Böden nicht beobachtet.

Versauerungsfront

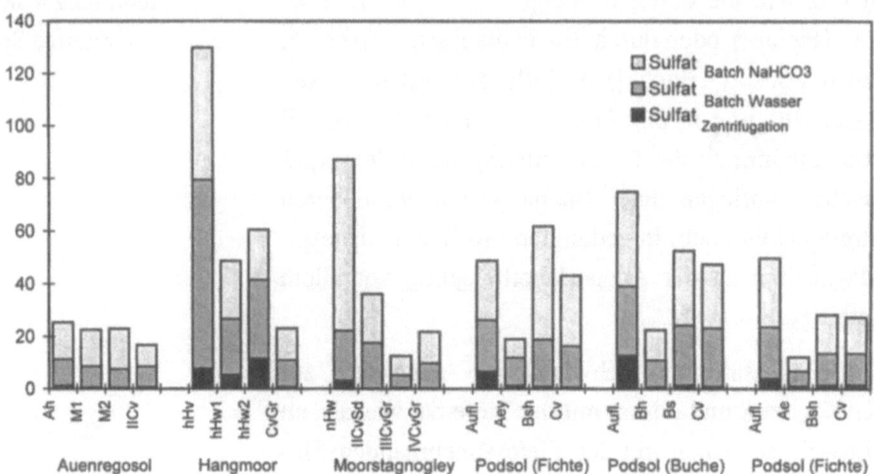

Abbildung 5.

Sulfatgehalte nach einfacher gestufter Extraktion

Sulfat hat ein hohes versauerungswirksames Potential

Sulfat gilt gemeinhin als das wichtigste anorganische mobile Anion, das versauernd wirkt. Seine Bedeutung lässt allerdings aufgrund sinkender Einträge aktuell nach. Das im Boden gespeicherte Sulfat stellt jedoch nach wie vor ein versauerungswirksames Potential dar. Zur Ermittlung der Verfügbarkeit des gespeicherten Sulfats wurde eine gestufte Extraktion durchgeführt (Abb. 5). Die leicht extrahierbaren Anteile – gewonnen durch Zentrifugation – zeigen dabei eine deutliche Tiefenabhängigkeit. Die hohen Anteile an dieser Fraktion in den organischen Oberböden weisen auf die Bedeutung der Bindung an die organische Substanz hin. In den weiteren Stufen der Extraktion (Batch Wasser und NaHCO$_3$) zeigt sich, dass der Großteil des extrahierbaren Sulfats löslich bis schwer löslich festgelegt ist. Es ist eine heterogene Verteilung des so gebundenen Sulfats über das gesamte Profil zu beobachten. Somit sind auch in den Unterböden erhebliche Sulfat-Mengen gespeichert. Diese stellen bei der Bilanzierung auf Einzugsgebietsebene einen entsprechend großen Pool dar. Gleichartige Beobachtungen werden auch von von Wilpert et al. (1997) für Braunerden über Gneisen im Schwarzwald mitgeteilt.

Die Abschätzung der Protonenbilanz vermittelt einen Eindruck vom Pufferungsverhalten der Einzugsgebiete. Für alle Einzugsgebiete (ca. 97 % bewaldet) wurde der gleiche Eintrag von 1,61 kmol H^+ ha^{-1} a^{-1} (Bestandsniederschlag) angenommen (Tab. 1, b) und als absoluter Eintrag in die Einzugsgebiete berechnet (Tab. 1, c).

Tabelle 1.

Protoneneintrag und -austrag der Einzugsgebiete HJ 1996/1997 (Lorz 1999)

		Große Pyra	Kleine Pyra	Butterbächel
a	Fläche EG (ha)	548	13	22
	Eintrag H^+			
b	$N_{Bestand}$ [kmol ha^{-1} a^{-1}]	1,61	1,61	1,61
c	$N_{Bestand}$ [kmol EG^{-1} a^{-1}]	882,3	20,9	35,4
d	$N_{Freiland}$ [kmol ha^{-1} a^{-1}]	0,95	0,95	0,95
e	$N_{Best.}$ - $N_{Freil.}$ [kmol ha^{-1} a^{-1}]	0,66	0,66	0,66
	Austrag H^+			
f	Durchfluß [kmol ha^{-1} a^{-1}]	0,37	0,69	0,25
g	Durchfluß [kmol EG^{-1} a^{-1}]	204,7	9,0	5,5
h	in % von Zeile g	100,0	4,4	2,7
i	Durchfluß - $N_{Best.}$ [kmol ha^{-1} a^{-1}]	1,24	0,92	1,36
j	Durchfluß - $N_{Best.}$ [kmol EG^{-1} a^{-1}]	677,6	11,9	29,9

Der Protonenaustrag durch den oberflächlichen Abfluss zeigt, dass über die Kleine Pyra relativ die höchsten Austräge festzustellen sind, wobei der Flächenbezug die Bedeutung für das Gesamteinzugsgebiet zeigt (Tab. 1, f bzw. g). Der Säureaustrag des Moores (Kleine Pyra) steuert absolut annähernd den doppelten Beitrag der über den Abfluss des Butterbächel in die Große Pyra ausgetragenen H^+-Ionen bei (Tab 1, h). Die Pufferung beträgt im Einzugsgebiet Kleine Pyra (0,92 kmol ha^{-1} a^{-1}) 75 % bzw. 68 % der in den Einzugsgebieten Große Pyra (1,24 kmol ha^{-1} a^{-1}) und Butterbächel (1,36 km ha^{-1} a^{-1}) beobachteten Werte (Tab. 1, i und j), da hier eine höhere Säureproduktion im Moor im Oberlauf der Kleinen Pyra anzunehmen ist.

4.3 Versauerungsrelevante Stoffe

Zusammenhang von Sulfat, Nitrat und H^+

Abbildung 6 siehe nächste Seite

Während van Miegrot (1994) davon ausgeht, dass episodische Versauerungen bei Schneeschmelze und hohen Niederschlägen durch den Austrag von Nitrat ausgelöst werden und Sulfat eher chronische Versauerung auslöst, deutet sich für die untersuchten Oberflächenwässer an, dass Nitrat sowie Sulfat einen schwachen Zusammenhang zur H^+-Konzentration aufweisen (Abb. 6). Diese scheinen verstärkt als neutrale Salze in Verbindung mit Kalzium als Begleitkation aufzutreten, das einen schwachen positiven Zusammenhang zu diesen Anionen in allen Wässern zeigt.

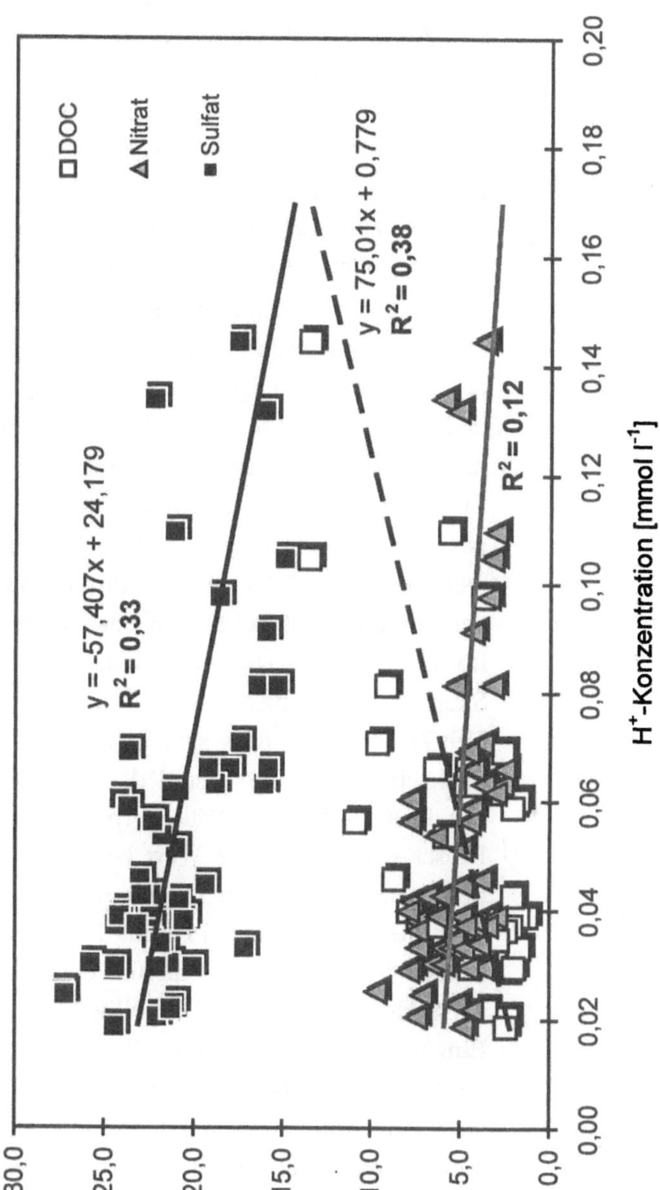

Abbildung 6.

Beziehung zwischen pH-Wert und DOC, NO_3^- sowie SO_4^{--} im Oberflächenwasser aus drei Beprobungspunkten

Die steigenden Gehalte des gelösten Kohlenstoffes (= DOC) bei zunehmender H^+-Konzentration im Oberflächenwasser weisen tendenziell auf den Säurecharakter des DOC hin (vgl. Abb. 6.). Insgesamt fehlen jedoch ausreichende Kenntnisse über die Säure- und Basen-Eigenschaften des DOC (vgl. Hemond 1994, 112). Beobachtungen, die den DOC als Säurequelle sehen, werden von verschiedenen Autoren beschrieben. So berichten Hamm et al. (1994, 40) für das nord- und nordostbayerische Grundgebirge einen engen Zusammenhang zwischen organischen Stoffen und pH-Wert. Auch Hultberg (1985) führt den sehr hohen H^+-Austrag im Bachwasser des Gjårdsjön-Einzugsgebietes, SW-Schweden, auf dissoziierte organische Säuren zurück. Untersuchungen von Cronan und Aiken (1985) in den Adirondacks, SE-USA, verdeutlichen, daß bei DOC-Gehalten von 6-8 mg l^{-1} im Oberflächenwasser der DOC einen deutlichen Säurecharakter (pKs=3,85) besitzt. Hruska et al. (1997) berichten, dass sich in einem Moor in W-Tschechien über ein Viertel der Karboxyl-Gruppen des DOC wie starke Säuren (pKs=2,0) verhielten. Dieser extrem niedrige Wert ist jedoch kritisch zu bewerten, da er auf der Herleitung aus einem einfachem Regressionsmodell beruht. Eine Pufferung von Säuren durch den DOC schließen diese Autoren, wie auch Hedin et al. (1990), völlig aus. Im Lysina-Einzugsgebiet, ebenfalls in W-Tschechien, wurde ein Beitrag der organischen Säuren von 19 % an der gesamten Anionenladung beobachtet (Kram et al. 1997). Schließlich ermittelt Krüger (1996, 63) für das Westerzgebirge durch Berechnung des pKs-Wertes der gelösten organischen Stoffe (= DOM) nach einem Verfahren von Oliver et al. (1983, zitiert in Krüger 1996, 60f) pKs-Werte von 3,0 bis 5,4. Im Vergleich zum Lösungs-pH-Wert kommt sie zu dem Schluss, dass die DOM vorwiegend als Protonendonator auftritt.

Nur bei sehr niedrigen pH-Werten besitzt die DOM Puffereigenschaften.

Für die Bodenlösung im Untersuchungsgebiet besteht ebenfalls ein deutlich negativer Zusammenhang zwischen DOC und pH unterhalb von pH 5,0. Es ist daher anzunehmen, dass die DOC auch in der Bodenlösung erhebliche Anteile an stärkeren organischen Säuren umfaßt (vgl. Abb. 7). Für Sulfat und Nitrat zeichnet sich dagegen keine allgemein deutliche Beziehung zwischen pH-Wert und Stoffkonzentration ab (Lorz 1999, 95).

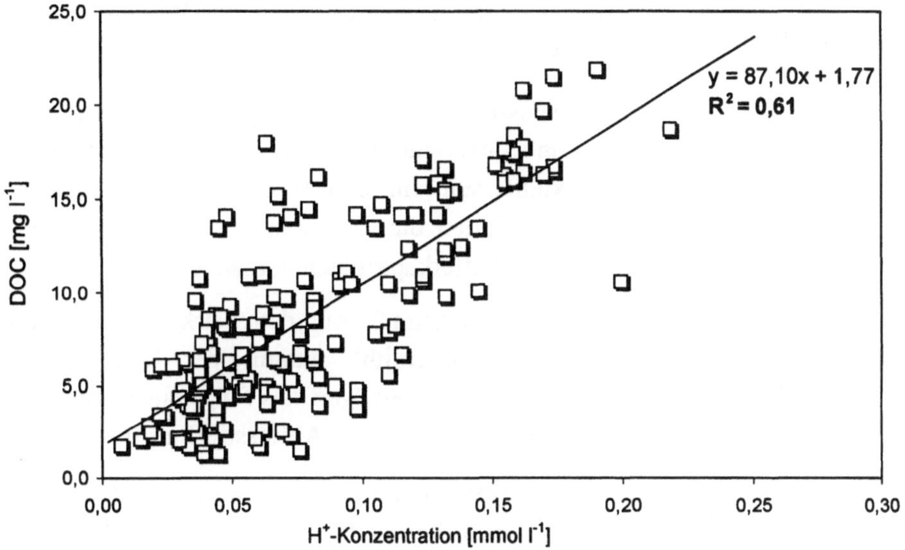

Abbildung 7.
Beziehung zwischen pH und DOC in der Bodenlösung bei pH < 5,0

5 Zusammenfassung und Schlussfolgerungen

Niederschläge bewirken neben episodischen Versauerungsschüben im Niederschlag selbst auch „pH-Schocks" im Oberflächenwasser, die jedoch nicht direkt durch die eingetragene Säure ausgelöst werden. Vielmehr handelt es sich um verdrängtes Interstitialwasser aus dem sauren Solum. Ähnliche pH-Schocks werden bei der Schneeschmelze ausgelöst. Dagegen sind bei Basisabflussbedingungen die „höchsten" pH-Werte zu beobachten. Insgesamt lassen sich drei Reaktionsräume als Herkunftsräume des Abflusses identifizieren:

- Reaktionsraum 1: Der untere Regolith, Saprolith und unverwitterte Untergrund stellen den Herkunftsraum für den Basisabfluss mit höheren pH-Werten dar. Es ist anzunehmen, dass hier noch Pufferkapazitäten vorhanden sind.

- Reaktionsraum 2: Aus dem stark sauren Solum (oberer Regolith) stammt der Direktabfluss (schnell und verzögert) als Folge eines schnellen lateralen subkutanen Abflusses (Interflow).

- Reaktionsraum 3: Schmelzwasser aus der Schneedecke als Folge von Anstieg der Lufttemperatur oder als Folge von Regenniederschlag auf die Schneedecke führt ebenfalls zu pH-Schocks.

Als mögliche versauernde Stoffe in der Bodenlösung und im Oberflächenwasser werden neben Aluminium auch organische Säuren vermutet. Besonders Moore können als Säurequellen gelten. Dagegen zeigt Sulfat keinen deutlichen Zusammenhang zum pH-Wert im Oberflächenwasser, was auf die heterogene Verteilung von Sulfat über die untersuchten

Profiltiefen und damit auch über die Reaktionsräume zurückzuführen ist.

Als Konsequenzen der seit den 80er Jahren durchgeführten Kompensationskalkungen erfolgte eine mäßige Anhebung der pH-Werte der Gewässer. pH-Schocks treten jedoch auch nach langjährigen Bodenschutzkalkungen auf, weil die Kalkungen nicht den Entstehungsbereich (Solum) des Interflows erreichen. Bisher geplante Waldumbaumaßnahmen werden ebenfalls kaum positive Effekte auf die Oberflächenwasserqualität haben, da auch zukünftig die Fichte alle Bestände dominieren wird. Das Abnehmen der Sulfat-Einträge wird erst mittelfristig eine höhere Bedeutung erlangen, da gespeichertes Sulfat, atmogen eingetragene Stickstoffverbindungen und besonders die persistente Produktion von organischen Säuren in den Auflagen und Mooren weiterhin als Säurequellen wirken.

6 Danksagungen

Danksagungen gehen an das Umweltforschungszentrum Leipzig-Halle GmbH, Sektion Hydrogeologie für die finanzielle Unterstützung sowie an zwei unbekannte Gutachter für konstruktive Kritik.

7 Literatur

Alewell C (1995) Sulfat-Dynamik in sauren Waldböden –Sorptionsverhalten und Prognose bei nachlassenden Depositionen. Bayreuther Forum Ökologie, 19, 1-185

Betson R P, Marius J B (1969) Macropores and water flow in soils. Water Res. Research, 18, 1311-1325

Cronan C S, Aiken G R (1985) Chemistry and transport of soluble humic substances in forested watersheds of the Adirondack Park, New York. Geochimica et Cosmochimica Acta, 49, 1697-1705

Dässler H G, Ranft H (1989) Versauern unsere Waldböden? Ergebnisse eines über einen 30jährigen Zeitraum geführten pH-Wertvergleiches im Erzgebirge. Sozialistische Forstw., 39, 88-89

Dyck S, Peschke G (1995) Grundlagen der Hydrologie, 536 S., Berlin (Verl. Bauwesen)

Feger K H (1993) Bedeutung von ökosysteminternen Umsätzen und Nutzungseingriffen für den Stoffhaushalt von Waldlandschaften. Freiburger Bodenkundl. Abh., 31, 1-237

Flügel W A (1993) Hangentwässerung durch Interflow und seine Regionalisierung Einzugsgebiet der Elsenz (Kraichgau). Berliner Geogr. Arb., 8, 68-94

Hamm A, Lehmann R, Schmitt P, Bauer J (1994) Gewässerversauerung besprochen am Beispiel des nord- und nordostbayerischen Grundgebirges. In: Umweltministerium Baden-Württemberg (1994) Regen, Probleme für Wasser, Boden und Organismen, Umweltforschung in Baden-Württemberg, 29-54

Hedin L O, Likens G E, Postek K M, Driscoll C T (1990) A field experiment to test whether organic acids buffer acid deposition. Nature, 345, 798-800

Hedlich R (1973) Regionallimnologische Untersuchungen an sechs Trinkwassertalsperren des mittleren und westlichen Erzgebirges, 120 S., Diss., TU Dresden

Hemond H F (1994) Role of Organic Acids in Acidfication of Fresh Waters In: Steinberg C, Wright R F (1994) Acidification of Freshwater Ecosystems, Implications for the Future. Dahlem Workshop Reports, Environmental Sciences Research Report, 14, 103-115, London

Hultberg H (1985) Budgets of base cations, chloride, nitrogen, and sulphur in the acid Lake Gårdsjön, SW Sweden. Ecol. Bull., 37, 133-157

Hruska J, Johnson C E, Kram P (1997) Organic solutes and the recovery of a bog stream from chronic acidification. J. Conf. Abstracts BIOGEOMON 97, 2, 202

Keitel M (1995) Langzeitbetrachtung der Gewässerversauerung - Fallstudie im Erzgebirge. Wasser & Boden, 10, 27-33

Kram P, Hruska J, Wenner B S, Driscoll C T, Johnson C E (1997) The biogeochemistry of basic cations in two forest catchments with contrasting lithology in the Czech Republic. Biogeochemistry, 37, 173-202

Krauss G (1928) Die sogenannten Bodenerkrankungen. Jahresbericht Deutscher Forstverein, 121-133

Krauss G, Wobst W, Gärtner G (1934) Humusauflage und Bodendurchwurzelung im Eibenstocker Granitgebiet. Thar. Forstl. Jb., 85, 299-370

Krauss G, Wobst W (1935) Über die standörtlichen Ursachen der waldbaulichen Schwierigkeiten im vogtländischen Schiefergebiet. Thar. Forstl. Jb., 86, 169-246

Krüger A (1996) Eigenschaften und Dynamik von Schwermetallen in belasteten Böden und Fließgewässern unter dem Einfluß von Huminstoffen. Diss., Univ. Leipzig, 167 S.

Lorz C (1999) Bodenzustand und Gewässerversauerung im Westerzgebirge. UFZ-Bericht, 14, 1-154

Malessa V (1994) Ökologische Typisierung von Tiefengradienten der Bodenversauerung. In: Matschullat J, Heinrichs H, Schneider J, Ulrich B (1994) Gefahr für Ökosysteme und Wasserqualität, 162-185, Berlin

Muraoko K, Hirata T (1988) Streamwater chemistry during rainfall in a forested basin. J. of Hydrology, 102, 235-253

Neumeister H, Krüger A, Meyer L, Regber R (1995) Räumliche Differenzierung elementarer geoökologischer Eigenschaften im oberen Westerzgebirge/ oberen Vogtland. Geoprofil, 5, 43-81

Paces T (1994) Acidic Emissions and Political Systems In: Steinberg C, Wright R F (1994) Acidification of Freshwater Ecosystems, Implications for the Future.Dahlem Workshop Reports, Environmental Sciences Research Report 14, 5-15, London

Rehfuess K E (1990) Waldböden: Entwicklung, Eigenschaften und Nutzung, 2. Aufl., Pareys Studientexte 29, 294 S., Hamburg

Robson A J, Neal C, Hill S, Smith C J (1993) Linking variations in short- and medium-term stream chemistry to rainfall inputs – some observations at Plynlimon, Mid-Wales. J. of Hydrology, 144, 291-310

SLAF (=Sächsische Landesanstalt für Forsten) (1995) Umbau von immissionsgeschädigten Waldflächen der sächsischen Mittelgebirge zu naturnahen Bestockung unter besonderer Berücksichtigung der Buche, Abschlußbericht, 167 S., Graupa

Stöcker G (1992) Hydrochemische Kenngrößen kleinster Fließgewässer in Berg-Fichtenwäldern. Arch. Naturschutz u. Landschaftspflege, 32, 1-27

Stöcker G (1991) Hydrochemische Kenngrößen kleinster Fließgewässer. Arch. Naturschutz u. Landschaftspflege, 31, 19-35

STUFA (=Staatliches Umweltfachamt Plauen) (1996) Regionalbericht Staatliches Umweltfachamt Plauen, Beschaffenheitsentwicklung Fließgewässer. Materialien zur Wasserwirtschaft, 1, 1-30

Thomas-Lauckner M (1966) Landschaftsökologische Untersuchungen im westlichen Erzgebirge, speziell in den Gemeinden Sosa und Carlsfeld. Wiss. Ztschr. Univ. Leipzig, 15, 729-751

Trüby P, Aldinger E (1989) Eine Methode zur Bestimmung austauschbarer Kationen in Waldböden. Z. Pflanzenernähr. Bodenk., 152, 301-306

Van Miegroet H (1994) The Relative Importance of Sulfur and Nitrogen Compounds in the Acidification of Freshwater. In: Steinberg C, Wright R F (1994) Acidification of Freshwater Ecosystems, Implications for the Future. Dahlem Workshop Reports, Environmental Sciences Research Report, 14, 34-49, Wiley

Von Wilpert K, Kohler M, Zirlewagen D, Hildebrand E E (1997) Conventwald. In: Feger K H, Hädrich F, Wilpert K V (1997) Waldökosystemforschung im Schwarzwald. Mitteilungen Dt. Bodenkdl. Gesellschaft, 82, 289-300

Zimmermann F, Bothmer D (1998) Analyse und Entwicklung der Emissionen im Schwarzen Dreieck. Workshop „Lufthygienische Situation und Waldzustand im Schwarzen Dreieck", Materialien zur Luftreinhaltung, 23-32

Methodenvergleich zur Abschätzung des Schwermetallaustrags für die Elemente As, Cd, Pb und Zn aus Böden mit dem Sickerwasser

Thomas Kaltschmidt und Jürgen Schmidt

Für die Beurteilung von Schwermetallgehalten in Böden ist der Austrag mit dem Sickerwasser ein entscheidendes Kriterium. Eine Abschätzung der Belastung des Sickerwassers ist aufgrund der Vielzahl der für den Schwermetalltransport im Boden maßgebenden Einzeleinflüsse schwierig. Die bisher verfügbaren standardisierten Testverfahren DEV-S4, NH_4NO_3-Extraktion sowie die Gleichgewichts-Bodenlösung bilden die tatsächlichen Verhältnisse im Boden nur sehr unvollkommen ab. Am Fachgebiet Boden- und Gewässerschutz der TU Bergakademie Freiberg wurde deshalb eine Säulenversuchsanlage aufgebaut, die es erlaubt, unter standardisierten, naturnahen Bedingungen den Schwermetallaustrag aus ungestörten Bodenprofilen zu messen.

In diesem Beitrag werden die Daten der für den Standort Hilbersdorf bisher durchgeführtenSchwermetallanalysen auf ihre Aussagefähigkeit hin vergleichend überprüft und die Ergebnisse einer Bewertung unterzogen. Hierbei zeigte sich, dass die Schwermetallkonzentrationen der Standardverfahren meist weit über den natürlichen Konzentrationen der Sickerwässer und den Konzentrationen der Eluate der Säulenversuche liegen.

1 Einleitung

Schwermetallge-
halte im
Sickerwasser

Für die Beurteilung von Schwermetallgehalten in Böden ist der Austrag mit dem Sickerwasser ein entscheidendes Kriterium. Eine Abschätzung der Belastung des Sickerwassers ist allerdings aufgrund der Vielzahl der für den Stoffübergang im Boden maßgebenden Einzeleinflüsse schwierig. Die bisher verfügbaren standardisierten Testverfahren DEV-S4 (nach DIN 38414 Teil 4) und NH_4NO_3-Extraktion (nach DIN 19730) sowie die Gleichgewichts-Bodenlösung (Bodensättigungsextrakt, DIN V 19735) bilden die tatsächlichen Verhältnisse im Boden nur sehr unvollkommen ab. Dies gilt insbesondere für:

Bestehende
Verfahren

- das Volumenverhältnis von Bodenmatrix und Bodenlösung,

- die Verweilzeit der Bodenlösung im Boden und

- die Zugänglichkeit der Partikel- bzw. Austauscheroberflächen.

Es wurde deshalb ein Referenzverfahren entwickelt, das einerseits standardisierte Versuchsbedingungen erlaubt, andererseits aber die Bedingungen des Stoffüberganges im Boden realitätsnah abbildet.

Entwicklung eines
neuen Verfahrens

Ziel dieses Beitrages ist es, das Verhalten der bisher verfügbaren Standardtests gegenüber dem neu entwickelten Referenzverfahren und in-situ genommenen Bodenlösungsproben zu untersuchen. Der Vergleich bezieht folgende Verfahren ein: DEV-S4-Elution, Gleichgewichts-Bodenlösung (Bodensättigungsextrakt), Ammoniumnitratextraktion. Als Anwendungsbeispiel dient ein mit Schwermetallen hoch belasteter Standort im Raum Freiberg/Sachsen.

2 Untersuchungsstandort

Der für die Untersuchungen ausgewählte Standort liegt wenige Kilometer von Freiberg entfernt südlich der Ortslage Hilbersdorf (TK 25:5046, Freiberg; Gauß-Krüger-Koordinaten: ^{45}98500 R / ^{56}41900 H; 425 m ü. NN). Es handelt sich um eine Ackerfläche (Abb. 1). Neben der hohen geogenen Grundbelastung (Barth et al. 1996) ist dieses Gebiet durch jahrhundertelangen anthropogenen Eintrag von Schwermetallen gekennzeichnet, der einerseits auf den örtlichen Blei-Silber-Bergbau, andererseits auf Emissionen des nahegelegenen Hüttenkomplexes „Muldenhütten" zurückzuführen ist. Von diesem Komplex ging eine langjährige Belastung der Umgebung mit Schwermetallen, vor allem Zink, Cadmium, Arsen und Blei, aus. Der Umweltbericht des Landes Sachsen (Landesamt für Umwelt und Geologie 1991) gibt die Bleiimmission am Standort Hilbersdorf mit 40 mg/(m^2 · 30d) an. Die Cadmiumimmission lag bei 0,8 mg/(m^2 · 30d). Das sächsische Landesamt für Umwelt und Geologie betreibt auf diesem Gelände eine Bodendauerbeobachtungsfläche.

Abbildung 1 siehe
Seite 159

3 Methodik

3.1 Materialeigenschaften der Proben

Am o.g. Standort wurden zwei Mischproben des Oberbodens (0-25 cm) und des Unterbodens (25-40 cm) entnommen. Alle folgenden Eluier- und Messverfahren wurden im Triplikat durchgeführt. Für die Bestimmung der Bodenkennwerte des Standortes wurden folgende Untersuchungen durchgeführt:

- Korngrößenverteilung (Pipettierung nach KÖHN),

- pF-Kurve,

- pH-Wert im Boden-Lösungsgemisch,

- organischer Kohlenstoff (Verbrennung im Sauerstoffstrom, Ströhlein, Cmat 5500).

Die Ergebnisse sind in Tabelle 1 zusammengestellt. Der pH-Wert des Boden wurde für die Lösungsmittel $CaCl_2$ (0,01M), KCl (0,1M) und dest. H_2O bestimmt. Dazu wurden 10 g gut luftgetrockneter Boden mit 25 ml Lösungsmittel versetzt. Die Messung erfolgte bei Zimmertemperatur 4 h nach Ansatz der Lösung und wurde nach 24 h wiederholt.

Tabelle 1.

Korngrößenfraktionen (Gesamtboden < 63 mm [M.%], Feinboden ergibt 100 M.%), Humusgehalt, Lagerungsdichte (nach AG Boden 1994), pH-Werte für $CaCl_2$ (0,01 M), KCl (0,1M) und dest. H_2O nach 4 h und 24 h Standzeit

Proben-Nr.	Feinboden (ergibt 100 M.%)				Lagerungsdichte g/cm³	Humusgehalt M%	pH-Wert nach 4 h (21,7 °C)			pH-Wert nach 24 h (22,2 °C)		
	G M%	S M%	U M%	T M%			$CaCl_2$ (0,01M)	KCL (0,1M)	dest H_2O	$CaCl_2$ (0,01M)	KCL (0,1M)	dest H_2O
E 0-25	34,0	43,5	43,1	14,4	1,18	2,49	4,71	4,01	5,00	5,02	5,08	5,48
E 25-40	56,3	55,6	35,9	9,0	1,6	0,51	4,80	4,48	5,29	4,92	4,66	5,54

3.2 Standard-Extraktionsverfahren

- **DEV-S4-Elution nach DIN 38414 (Teil 4)**

Die einzelnen Verfahrensschritte dieser Methode finden sich bei Keppler und Brümmer (1997). Es werden 50 g Bodenmaterial in einer 1000 ml Weithalsflasche mit 500 ml aq. dest. versetzt und 24 h auf einem Überkopfschüttler geschüttelt. Zur Gewinnung des Eluates werden die Proben 20 min bei 2500 U/min zentrifugiert. Aus dem Überstand werden anschließend 50 ml Lösung entnommen und mit Unterdruck über 0,45 μm Membranfilter in 50 ml säuregespülte Weithalsflaschen filtriert. Die Filtrate werden durch Zugabe von 0,5 ml HNO_3 conc. stabilisiert und bis zur Messung der Elementgehalte bei 4° C gelagert.

- **Boden-Sättigungsextrakte nach 2. VwV BodSchG und DIN V 19735**

Boden-Sättigungsextrakte werden an gestört entnommenem Probenmaterial des Untersuchungsstandortes gemäß der 2. VwV BodSchG und nach DIN V 19735 hergestellt. Bei der Gleichgewichts-Bodenlösung nach der 2. VwV BodSchG werden 200 g lufttrockener Feinboden eingewogen. Dieses Material wird solange mit deionisiertem Wasser versetzt, bis alle Poren kapillar gefüllt sind. Die Probe wird dann mit einem Spatel geknetet und tropfenweise weiter mit Wasser versetzt bis die Porenoberfläche zu glänzen beginnt, aber noch kein freies Wasser austritt. Die Probe verbleibt 24 h in diesem Zustand (Verdunstungsschutz). Die Gewinnung der Gleichgewichts-Bodenlösung erfolgt mittels Unterdruckfiltration (Porosität der Filter = 45 μm). Die gewonnenen Extrakte werden in PE-Flaschen überführt und mit HNO_3 conc. im Verhältnis 1:100 stabilisiert.

Am Institut für Bodenkunde der Universität Bonn wurden von Proben des Standortes Hilbersdorf ebenfalls Gleichgewichts-Bodenlösungen hergestellt. Die verwendete Methode ist in der Vornorm über die „Ableitung von Elementkonzentrationen im Bodenwasser aus ammoniumnitrat-extrahierbaren Gehalten oder Eluatgehalten" (DIN V 19735, in Vorbereitung; Krumnöhler et al. 1996) dokumentiert. Diese Laborvorschrift unterscheidet sich von der Herstellung der Gleichgewichts-Bodenlösung nach der 2. VwV BodSchG durch die Einführung eines Vorbefeuchtungsschrittes zur Gleichgewichtseinstellung zwischen gelöster und ungelöster Substanz sowie durch die Kühlung der Probe während der Gleichgewichtseinstellung auf 5° C. Im Vorbefeuchtungsschritt wird der Bodenprobe soviel Wasser zugegeben, dass sie vollständig durchfeuchtet ist, aber noch keine reduzierenden Bedingungen auftreten. Die Probe wird gut durchmischt und 24 h bei 5° C unter Verdunstungsschutz stehen gelassen. Nach 24 h wird das Material in einen Zentrifugenbecher überführt und unter ständigem Rühren mit einem Glasstab solange deionisiertes Wasser hinzu gegeben, bis die Fließgrenze erreicht ist. Die Bodenpaste ist zur Gleichgewichtseinstellung 24 h bei 5° C unter Verdunstungsschutz aufzubewahren. Die Gewinnung der Bodenlösung erfolgt durch Zentrifugation in einer Kühlzentrifuge (30 min bei 6000 U/min).

▪ Ammoniumnitratextraktion (DIN 19730)

Die NH_4NO_3-Extraktion nach DIN 19730 wurde ebenfalls am Institut für Bodenkunde der Universität Bonn durchgeführt. Hierbei werden 20 g Feinboden in einem Zentrifugenbecher mit 50 ml 1 M Ammoniumnitratlösung versetzt und 2 h auf einem Überkopfschüttler geschüttelt. Nach Zentrifugation (10 min bei 2500 U/min) und Filtration des Überstandes in säuregepufferte Weithalsflaschen werden die Extrakte durch Zugabe von 0,5 ml HNO_3 conc. stabilisiert und bis zur Messung der Elementkonzentration bei 4° C gelagert (Keppler und Brümmer 1997). Die massenbezogenen Gehalte berechnen sich durch Multiplikation der Elementkonzentration mit dem Boden-Lösungsverhältnis.

Abbildung 1.
Untersuchungsstandort Hilbersdorf

3.3 Aufbau und Funktionsprinzip des Referenzverfahrens (Säulenversuch)

Das neu entwickelte Referenzverfahren basiert auf einer unterdruckgesteuerten Säulenversuchsanlage mit im wesentlichen folgende Komponenten:

Siehe auch Abbildung 2 auf Seite 165

- Edelstahl-Bodensäulen mit einer Teflonschicht auf der Innenseite der Säule (Länge 50 cm, Durchmesser 12,5 cm),

- Beregnungsanlage mit elektronischer Steuerung,

- Probenauffangbehälter für die Eluate mit zwei getrennten Probenkammern, das untere Gefäß mit Waage und Probenreservoir,

- elektronische Unterdruckregelung,

- drei Mikrotensiometer zur Erfassung der kapillaren Saugspannung,

- drei TDR-Sensoren zur Erfassung des Bodenwassergehaltes.

Zur Versuchsanlage gehören darüber hinaus eine Steuereinheit, ein Druckgenerator und ein externer PC. Die Steuereinheit dient zur Messwerterfassung und zur Steuerung der Versuche. Ein Druckgenerator stellt die nötigen Systemüber- und -unterdrücke zur Verfügung. Mit Hilfe des PC wird die Steuereinheit programmiert. Um im Laborversuch den natürlichen Gegebenheiten nahe zu kommen, wird ein „synthetisches Regenwasser" für die Bewässerung hergestellt. Dieses Wasser entspricht mit seiner Ionenkonzentration den mittleren Gehalten realer Niederschläge in Sachsen (Landesamt für Umwelt und Geologie 1994). Der pH-Wert des „synthetischen Regenwassers" beträgt pH = 5,5. In Tabelle 2 sind die Ionen- bzw. Elementkonzentrationen im Einzelnen angegeben.

Tabelle 2.

Element- und Ionengehalte des Beregnungswassers ohne pH-Korrektur in [µg/l]

Na^+	K^+	Mg^{2+}	Ca^{2+}	Cl^-	N	S
219,1	121,7	83,1	548,0	459,0	43,6	137,7

Die Säulenversuche werden nach folgendem Ablaufplan durchgeführt:

- Entwässern der feldfrischen Bodensäulen bei 630 hPa (nicht ausgetauschtes Wasser während Standzeit/Lagerzeit der Bodensäule wird entfernt), Probennahme sofern vorhanden,

- Bewässern,

- Einstellen der Durchfluss-/Beregnungsrate 1 ml/h im 1. Schritt bzw. Sättigung im 2. Schritt,

- Optimierung des Unterdrucks für die gegebene Beregnungsrate bis zur Einstellung des Ziel-pF-Wertes (pF = 1,4) als Mittelwert der drei Tensiometer einer Säule,

- Beginn der Probennahme bei Einstellung des Ziel-pF-Wertes,

- Kontinuierliche Probennahme bis die Schwermetalle im Perkolat konstante Gehalte erreichen (Leitfähigkeit wird als Summenparameter herangezogen); Messung des pH-Wertes, der Leitfähigkeit, des Redoxpotentials,

- Bestimmung der Schwermetallkonzentrationen für die Elemente As, Cd, Cr, Cu, Hg, Ni, Pb, Sb und Zn im Perkolat.

Der Ablaufplan soll die Vergleichbarkeit der Einzelversuche gewährleisten. Als Vergleichskriterien dienen der Volumenstrom (1 ml/h bzw. max. Fluss bei Sättigung) und die Saugspannung in der Bodensäule (pF=1,4 als Mittelwert über die drei Tensiometer bzw. Sättigung).

Die Versuche mit ungesättigter Durchströmung und einem Volumenstrom von 1 ml/h dauerten 6 Monate. Die verwendete Perkolationsmenge tauschte das bewässerte Porenvolumen der Bodensäule komplett aus. Für die gesättigte Durchströmung lagen die Versuchszeiten bei 3 Tagen. Hier wurden Austauschhäufigkeiten (Perkolationsmenge/bewässertes Porenvolumen) von 1,5 bei 50 ml/h und von 3 bei 100 ml/h erreicht.

3.4 Bodenlösungsgewinnung mit Saugkerzen

Das sächsische Landesamt für Umwelt und Geologie betreibt am Standort Hilbersdorf eine Bodendauerbeobachtungsfläche. In diesem Rahmen wird u.a. auch Bodenlösung über Saugkerzen gewonnen. Die Keramikkerzen arbeiten mit einem konstanten Unterdruck von 200 hPa. Sie sind allerdings nur in den Monaten April bis November in Betrieb. Die bisher verfügbaren Bodenlösungsdaten werden im Rahmen dieses Beitrages als weitere Referenzdaten herangezogen.

3.5 Analyse

Zur Elementbestimmung aus den Eluaten wurden As, Cd, Cr, Cu, Ni, Pb und Zn mit einer ICP-MS (Perkin Elmer, Elan 5000) sowie Cd mit einer AAS (Zeeman, AAS 4100 ZL) analysiert. Zur Kontrollmessung wurde eine Graphitrohr-AAS (Analytik Jena, AAS 5) eingesetzt. Dabei wurden je zwei Doppelproben im Triplikat gemessen. Zur Analysekontrolle wurden in jedem Messdurchgang externe und interne Standards eingesetzt. Zur Verfahrenskontrolle wurden auch für jeden Schritt Blindproben hergestellt und analysiert.

4 Ergebnisse

Tabelle 3 gibt für alle untersuchten Schwermetalle die ermittelten Elementkonzentrationen sowie die Fehlergrenzen für die verschiedenen Verfahren an. Die weitere detaillierte Auswertung beschränkt sich auf die Schwermetalle Arsen, Blei, Cadmium und Zink, da nur für diese Schwermetalle für alle Verfahren Messwerte vorliegen. Für den Verfahrensvergleich werden herangezogen:

Tabelle 3 siehe
nächste Seite

- Standardeluierverfahren: Mittelwerte aus mehreren Proben, Standardabweichung

- Säulenversuche: Konzentrationsendwerte der Perkolate, Maxima und Minima

- in-situ Bodenlösung: Mittelwert der Perkolate aus 40 cm Tiefe, Maxima und Minima.

Arsen

Arsen zeigt ein ungewöhnliches Austragsverhalten. Die Ammoniumextraktion liefert geringere Konzentrationen als die anderen Eluierverfahren (Abb. 2). Dies lässt sich nur erklären, wenn der Hauptteil des mobilen Arsens im Boden als Arsenat vorliegt. Dann reagieren die Anionen mit oberflächennahen Aluminium- und Eisenatomen von Tonmineralen und Aluminium- und Eisenoxiden. Die starke Affinität der Arsenkationen zu Al und Fe hat zur Folge, dass sie in die Koordinationshülle dieser Atome eindringen und aus ihr OH- und OH_2-Liganden verdrängen. Es kommt zur spezifischen Adsorption. Durch das Eindringen in die Koordinationshülle des Metallatoms werden die Anionen Teil der Oberfläche und teilen diese Ladung.

Abbildung 2 siehe
Seite 165

Tabelle 3.

Vergleich der Elementkonzentrationen der einzelnen Untersuchungsverfahren; alle Konzentrationsangaben in [µg/l] (MW: Mittelwert, Stabw: Standardabweichung, c_{EW}: Konzentrationsendwert, x_{min}: minimale Konzentration, x_{max}: maximale Konzentration, x: keine Analysen vorhanden)

Element	Teufe [m]		Ammoniumnitrat-Extraktion	DEV-S4-Elution	Gleichgewichts-Blsg. (DIN V 19735)	Gleichgewichts-Blsg. (2. VwV BodSchG)	Teufe [m]		Bodenlösung mit Saugkerze		Säulenversuch ungesättigt, ungestört (1ml/h)	Säulenversuch ungesättigt, gestört (1ml/h)	Säulenversuch gesättigt, ungestört (50 ml/h)	Säulenversuch gesättigt, gestört (50 ml/h)	Säulenversuch gesättigt, ungestört (100 ml/h)	Säulenversuch gesättigt, gestört (100 ml/h)
As	0–0,25	MW	621,2	2022,5	1171,4	1181,5										
		Stabw	35,6	78,1	204,0	2,1										
	0,25–0,4						0,4	x_{min}	41,8	x_{min}	7	71	611	1421	252	324
		MW	39,4	310,4	300,1	128,0		MW	242,8	c_{EW}	30	230	900	1700	1100	1900
		Stabw	0,2	39,9	35,4	8,5		x_{max}	619,0	x_{max}	43	351	912	1782	1185	1969
Cd	0–0,25	MW	841,5	11,9	38,9	52,0										
		Stabw	43,0	2,0	3,5	2,8										
	0,25–0,4						0,4	x_{min}	2,0	x_{min}	8	28	4	10	2	2
		MW	536,3	8,6	23,4	31,5		MW	5,0	c_{EW}	10	30	5	10	3	5
		Stabw	10,0	1,2	0,4	0,7		x_{max}	16,0	x_{max}	25	183	5	10	5	16
Cr	0–0,25	MW	x	x	x	1,0										
		Stabw				0,0										
	0,25–0,4						0,4	x_{min}		x_{min}	1	1	1	1	1	1
		MW	x	x	x	5,5		MW	< 3	c_{EW}	1	1	1	1	1	1
		Stabw				6,2		x_{max}		x_{max}	1	1	1	2	1	2
Cu	0–0,25	MW	x	x	x	130,5										
		Stabw				6,4										
	0,25–0,4						0,4	x_{min}	8,9	x_{min}	6	10	34	72	22	14
		MW	x	x	x	84,5		MW	21,2	c_{EW}	15	25	37	72	33	70
		Stabw				3,5		x_{max}	35,5	x_{max}	17	32	41	78	34	70
Ni	0–0,25	MW	x	x	x	20,5										
		Stabw				2,1										
	0,25–0,4						0,4	x_{min}	3,9	x_{min}	1	2	4	8	3	2
		MW	x	x	x	8,5		MW	7,2	c_{EW}	2	4	4	8	5	10
		Stabw				0,7		x_{max}	15,0	x_{max}	5	12	5	9	6	11
Pb	0–0,25	MW	2002,8	376,3	606,8	124,0										
		Stabw	82,7	3,9	80,8	2,8										
	0,25–0,4						0,4	x_{min}	14,8	x_{min}	1	1	3	15	1	5
		MW	81,0	47,6	48,2	37,0		MW	22,4	c_{EW}	1	3	3	15	2	16
		Stabw	0,4	13,7	4,5	17,0		x_{max}	38,8	x_{max}	1	5	5	20	3	17
Zn	0–0,25	MW	8161,2	145,5	487,1	759,0										
		Stabw	681,9	23,4	50,6	2,8										
	0,25–0,4						0,4	x_{min}	26,0	x_{min}	30	54	15	64	10	50
		MW	401,8	72,1	42,1	79,0		MW	68,7	c_{EW}	60	70	20	80	12	53
		Stabw	23,7	10,0	2,5	22,6		x_{max}	147,0	x_{max}	74	356	34	173	47	151

Daher haften die spezifisch gebundenen Anionen deutlich fester als unspezifisch adsorbierte Anionen wie Cl⁻ und NO⁻⁻ und werden auch bei hohen Konzentrationen nicht verdrängt (Scheffer und Schachtschabel 1992).

Abbildung 2.
Unterdrucksäulen-Versuchsanlage der Landesanstalt für Umweltschutz Baden-Württemberg, Standort TU Bergakademie Freiberg, Fachbereich Boden- und Gewässerschutz

Die Extraktion von verschiedenen Böden mit Lösungen von Ammoniumchlorid, Ammoniumnitrat, Ammoniumsulfat und Ammoniumacetat mobilisiert daher wenig Arsen (Johnston und Barnard 1979). Allgemein zeigen Extraktionsversuche mit Salzlösungen und entionisiertem Wasser, dass durch entionisiertes Wasser größere Arsenfrachten mobilisiert werden, als durch Salzlösungen (Goetz et al. 1994). Wie Abbildung 3 weiterhin zeigt, liefert die ungesättigte Durchströmung der Bodensäulen geringere Endkonzentrationen als die Gleichgewichts-Bodenlösung. Bei der gesättigten Durchströmung werden hingegen vereinzelt die Gehalte der Gleichgewichts-Bodenlösung übertroffen.

Abbildung 3 siehe nächste Seite

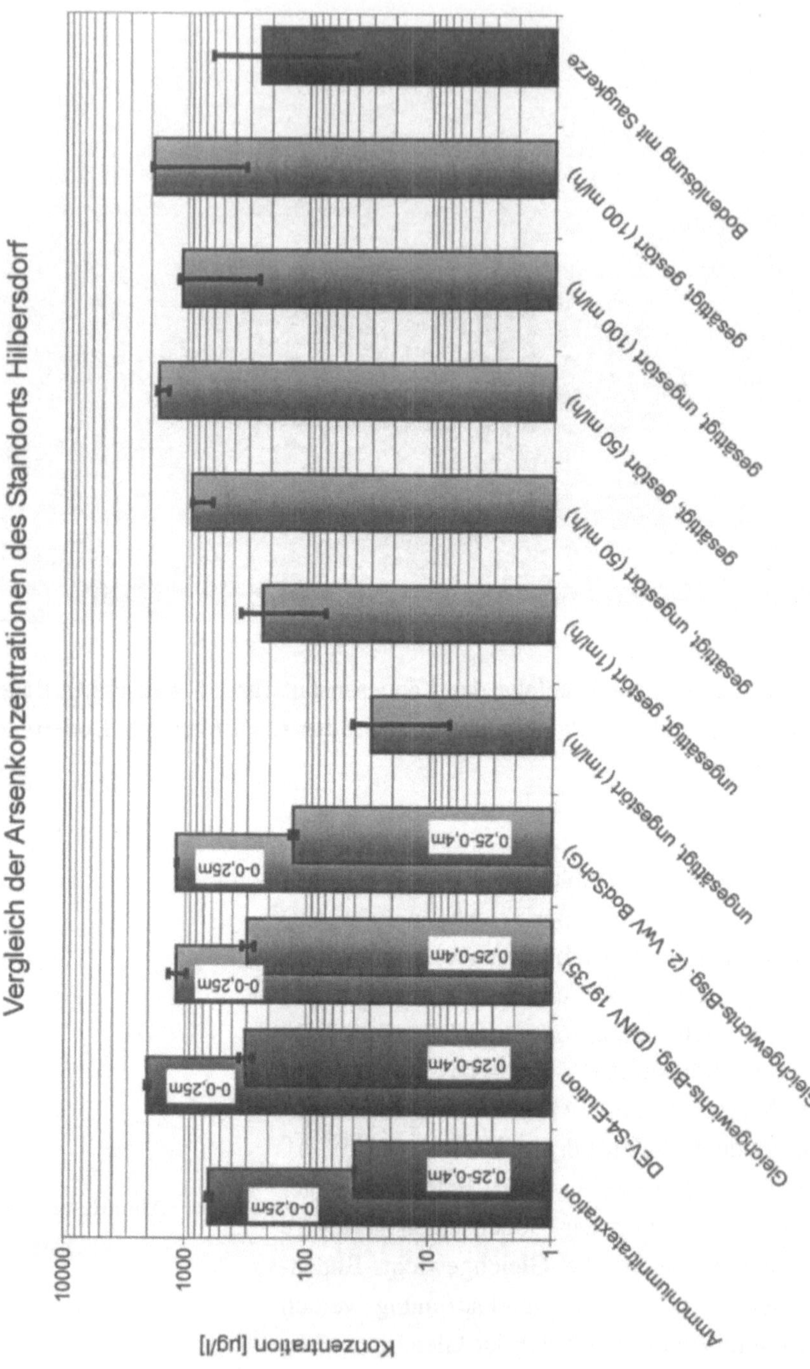

Abbildung 3.

Vergleich der Arsenkonzentrationen des Standorts Hilbersdorf

Die im Vergleich zur ungesättigten Durchströmung
deutlich höheren Arsenkonzentrationen bei gesättigter Durchströmung können auf reduzierende Bedingungen im Boden zurückgeführt werden. Da im reduzierenden Milieu Eisen(III)oxide in Eisen(II)oxide
umgewandelt werden (Scheffer und Schachtschabel,
1992), kommt es zu einer erhöhten Löslichkeit spezifisch gebundener Anionen. Dies erklärt die höhere
Arsenkonzentrationen in den Perkolaten.

Blei

Wie der Vergleich in Abbildung 4 zeigt, liefern die
Standard-Eluierverfahren deutlich höhere Bleikonzentrationen als die Perkolate der Säulenversuche
bzw. die am Standort gewonnenen Bodenlösungen.
Für die ungesättigte Durchströmung liegen diese
zum Teil an der Nachweisgrenze. Nur die Durchströmung bei Sättigung erreicht annähernd die Konzentration der in-situ Bodenlösung. Da allerdings die
Saugkerzen aufgrund des höheren Unterdruckes einen viel größeren Porenraum entwässern, sind die
Konzentrationen nicht direkt mit denen der Säulenversuche vergleichbar. Die extremen Konzentrati-
onsunterschiede zwischen den Standardeluierverfahren und den natürlichen Bleikonzentrationen in der
Bodenlösung können zunächst mit der besseren Zugänglichkeit des partikelgebundenen Bleis bei hohen
Lösungsmittelkonzentrationen und mechanischer
Einwirkung erklärt werden. Eine weitere Möglichkeit der hohen Bleikonzentration in den Standardeluierverfahren ist die Bildung von löslichen organischen Komplexen. Vor allem bei pH-Werten > 6
wird die Pb-Löslichkeit durch lösliche Chelatbildner
bestimmt (Herms und Brümmer 1980).

Abbildung 4 siehe
nächste Seite

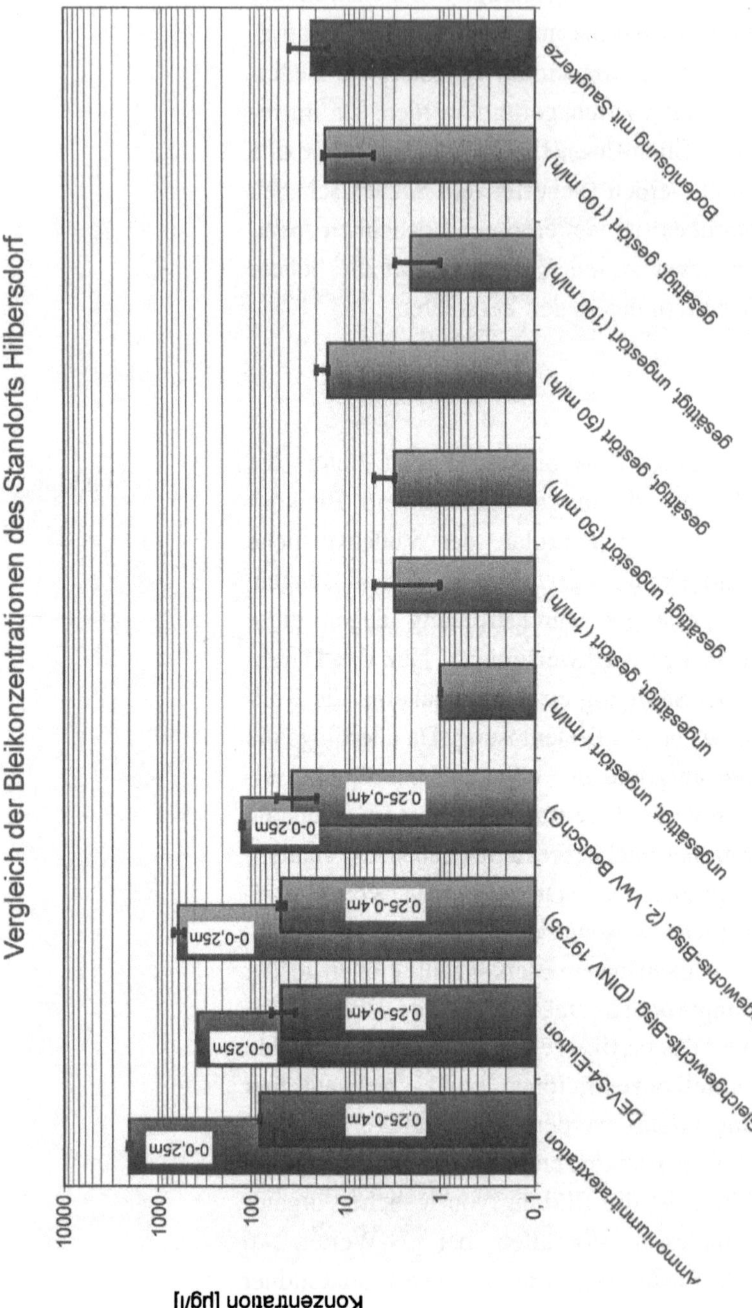

Abbildung 4.

Vergleich der Bleikonzentrationen des Standorts Hilbersdorf

Cadmium

Die in-situ Bodenlösung liefert deutlich geringere Cadmiumkonzentration als die Laborverfahren. Säulenversuche und DEV-S4-Elution ergeben ähnliche Konzentrationen (Abb. 5). Die Verfahren der Gleichgewichts-Bodenlösung liefern dagegen deutlich höhere Konzentrationen. Cadmium gehört zu den mobilen, relativ leicht verlagerbaren Elementen. Erwartungsgemäß werden bei der Ammoniumextraktion die höchsten Cadmiumkonzentrationen im Eluat gemessen.

Abbildung 5 siehe nächste Seite

Zink

Die Perkolate der Säulenversuche und die in-situ gewonnenen Bodenlösungen weisen ähnliche Konzentrationen auf (Abb. 6). Allerdings muss auch hier angemerkt werden, dass die Saugkerzen im Vergleich zu den Säulenversuchen einen deutlich größeren Porenraum entwässern und damit tendenziell höhere Zinkkonzentration liefern sollten. Dies ist zumindest im Vergleich zu den ungesättigten Durchströmungen auch erkennbar. Die Standard-Eluierverfahren liefern auch hier höhere Konzentrationen als die Referenzverfahren. Parallelversuche zu anderen Standorten zeigen allerdings, daß dieses Verhalten nicht verallgemeinert werden kann (Kaltschmidt und Schmidt 1998). Die Extrakte der Ammoniumnitratextraktion weisen erwartungsgemäß die höchsten Konzentrationen auf.

Abbildung 6 folgt auf Seite 171

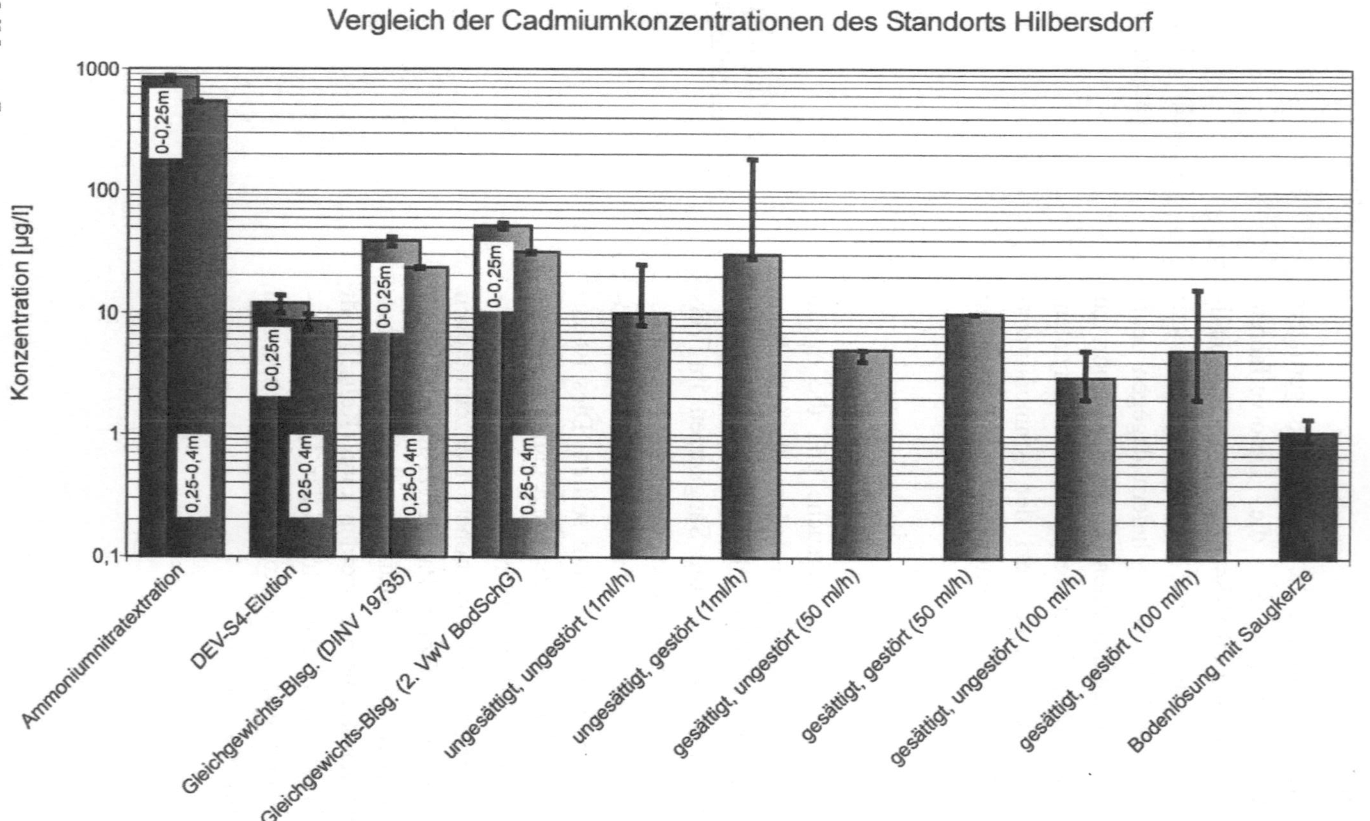

Abbildung 5.

Vergleich der Cadmiumkonzentrationen des Standorts Hilbersdorf

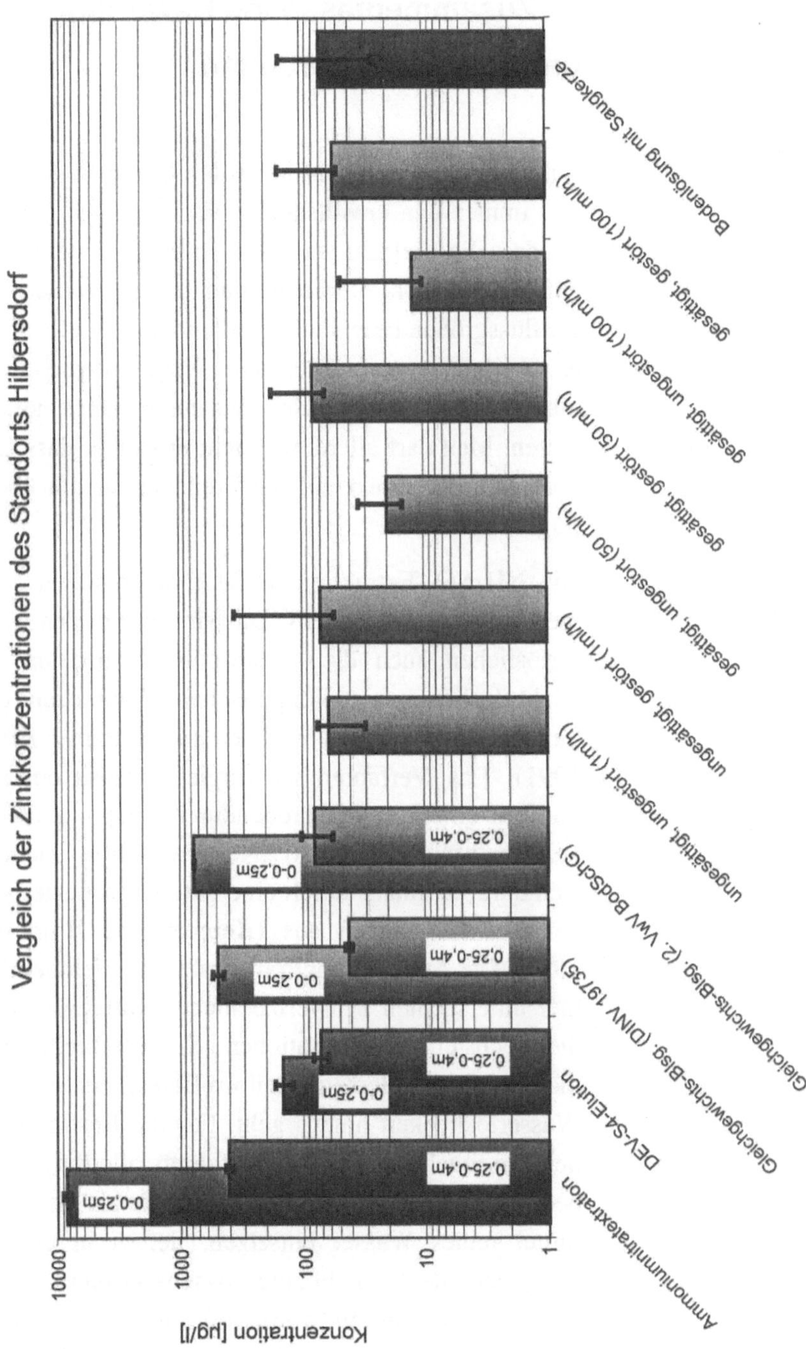

Abbildung 6.

Vergleich der Zinkkonzentrationen des Standorts Hilbersdorf

5 Zusammenfassende Bewertung und Schlussfolgerungen

Laborverfahren können die realen Bedingungen vor Ort immer nur unvollständig abbilden. Ihr Vorteil ist, dass die Vielzahl der Einzeleinflüsse in der Natur auf wenige kontrollierbare und gezielt variierbare Einflussgrößen beschränkt werden kann. Vielfach ist es überhaupt nur auf diesem Wege möglich, die maßgebenden prozessualen Zusammenhänge aufzuklären. Man darf allerdings nicht erwarten, dass Laborergebnisse direkt auf die Freilandsituation übertragbar wären.

Ammonium-nitratextraktion

Die NH_4NO_3-Extraktion umfasst die mobilen Elementanteile eines Bodens. Das sind neben den wasserlöslichen auch die austauschbaren und die in leicht löslichen metallorganischen Komplexen gebundenen Schwermetalle (Zeien und Brümmer 1989, 1991). Das Verfahren ist vergleichsweise einfach und mit einem hohen Probendurchsatz pro Zeiteinheit durchführbar. Die NH_4NO_3-Extraktion zeichnet sich darüber hinaus durch eine gute Reproduzierbarkeit der Messungen aus (Keppler und Brümmer 1997). Die Ammoniumnitratextraktion liefert bei den hier untersuchten Schwermetallen erwartungsgemäß die höchsten Konzentrationen. Sie beschreibt den mobilen Spurenelementanteil im Boden, der über die Wasserlöslichkeit hinaus geht. Für die Bestimmung der Arsengehalte ist das Verfahren allerdings nur bedingt anwendbar. Die Verfahren, die als Elutionsmittel reines Wasser einsetzen, liefern in diesem Vergleich deutlich höhere Arsenkonzentrationen. Die DEV-S4-Elution wurde für die Untersuchung von Schlämmen und Sedimenten entwickelt. Aufgrund des Boden-Lösungs-Verhältnisses von 1:10

entfernt sich das Verfahren relativ weit von den realen Bedingungen des Stoffübergangs im Boden. Der Arbeitsaufwand für das Verfahren ist wie bei der NH_4NO_3-Extraktion relativ gering. Die in den DEV-S4-Eluaten gemessenen Konzentrationen liegen zumeist über den Konzentrationen der Referenzverfahren (Säulenversuche und in-situ Bodenlösungen). Nur im Fall von Arsen und Cadmium zeigen die DEV-S4-Eluate ähnliche Konzentrationen wie die Säulenversuche bei gesättigten Strömungsbedingungen. Die Ergebnisse der DEV-S4-Elution liegen allerdings immer über den Schwermetallkonzentrationen der am Standort gewonnenen Bodenlösungen.

Die Gleichgewichts-Bodenlösung dient der Abschätzung des wasserlöslichen Schwermetallanteils für den Pfad Boden/Grundwasser. Das Verfahren basiert auf einem für bodenkundliche Untersuchungen realitätsnahen Boden-Lösungsverhältnis von 2:1 bis 4:1. Dennoch ist bisher kein befriedigender Zusammenhang mit den Konzentrationswerten der Referenzverfahren erkennbar. Zumeist liegen die Schwermetallkonzentrationen der Gleichgewichts-Bodenlösung über den Lösungskonzentrationen der Referenzverfahren – zum Teil um eine Zehnerpotenz. Allerdings ist dieser Trend nicht einheitlich. Der verfahrensspezifische Arbeitsaufwand ist relativ hoch. Die Gewinnung der Bodenlösung mit Saugkerzen dient dazu, die Konzentrationen in der Bodenlösung in-situ zu bestimmen. Sie ist neben einem hohen apparativen Aufwand extrem zeitabhängig, da nur natürliche Niederschläge als Elutionsmittel zur Verfügung stehen. Damit ist diese Untersuchung nur in Rahmen fester Bodenbeobachtungsflächen und über längere Zeit sinnvoll. Die vorliegenden Ergebnisse der mit Saugkerzen gewonnenen Bodenlösung weisen deutliche Schwankungen im Jahresverlauf auf.

Gleichgewichts-Bodenlösung

Für eine Interpretation der Ergebnisse ist damit eine ausreichende räumliche und zeitliche Ausdehnung notwendig. Ein Nachteil der Gewinnung der Bodenlösung mit Hilfe von Saugkerzen ist die Sorption an der Keramik der Kerzen. So stellte Grossmann (1988) starke Sorptionseffekte am Keramikmaterial bei pH=8 für die Elemente Cd, Cu, Pb und Zn und bei pH=4 nur noch für Blei fest. Die Sorptionseffekte können erst bei Konzentrationen > 1 mg/l vernachlässigt werden. Auch McGuire et al. (1992) beschreiben die Sorbtionseigenschaften des Saugkerzenmaterials. Damit kann man vor allem bei Spurenelementen mit zu niedrigen Elementkonzentrationen in der gewonnenen Bodenlösung rechnen.

Säulenversuche

Die bestmögliche Annäherung an natürliche Verhältnisse im Laborversuch wird durch Säulenversuche erreicht. Sie ermöglichen die kontinuierliche Durchströmung einer Probe unter realitätsnahen Bedingungen. Die Möglichkeit des Säulenversuches, ungestört entnommene Proben im ungesättigten und im gesättigten Bereich kontrolliert zu durchströmen, verringert gegenüber Freilandlysimetern den Zeitaufwand drastisch. Der apparative Aufwand ist jedoch sehr umfangreich und komplex. Der Zeit- und Arbeitsaufwand gegenüber den Standardeluierverfahren ist extrem hoch. Damit eignen sich die Säulenversuche nicht als Routineverfahren in der Umweltanalytik. Das Verfahren soll vielmehr als Referenzverfahren für die relativ schnell und einfach durchzuführenden standardisierten Eluierverfahren gesehen werden. Die gewonnenen Ergebnisse lassen sich nur indirekt mit den Ergebnissen der am Standort gewonnenen Bodenlösungen vergleichen, da mit Hilfe der Saugkerzen ein viel größerer Porenraum entwässert wird. Damit müssen die Konzentrationen in der in-situ Bodenlösung tendenziell höher sein als die Konzentrationen im Perkolat der Säulenversuche. Bis auf das Element Cadmium ist dies bei den durchgeführten Untersuchungen auch zu beobachten. In diesem Fall spielt wahrscheinlich die Sorption des Cadmiums am Saugkerzenmaterial eine entscheidende Rolle. Von diesen eher technischen Einschränkungen abgesehen, besteht ein weiterer wesentlicher Unterschied zur Freilandsituation: Während die Laborsäulen kontinuierlich von oben nach unten durchströmt werden, wird der abwärtsgerichtete Perkolationsstrom im Freiland immer wieder von Stagnationsphasen oder Strömungsumkehr unterbrochen. Dies erhöht die Verweilzeit der Bodenlösung und damit die Lösungskonzentration der untersuchten Schwermetalle.

Die im Vergleich zu den Referenzverfahren hohen Stoffkonzentrationen im Eluat der Standardverfahren sind vor allem auf die optimale Zugänglichkeit der Partikeloberflächen zurückzuführen. Beim Schütteln wird nahezu jedes einzelne Korn umspült und so mit dem Lösungsmittel in Kontakt gebracht. Bei der Durchströmung eines natürlich gelagerten Bodens ist dies nicht der Fall. In der Regel wird immer nur ein kleiner Teil der inneren Oberfläche des Bodens direkt angeströmt. Insofern bilden die Säulentests – besonders bei Verwendung ungestörter Säulen – die natürlichen Austauschprozesse sehr viel besser als die Routinetests ab.

6 Danksagung

Für die Finanzierung der Untersuchungen danken die Autoren dem Ministerium für Umwelt und Verkehr Baden-Württemberg, der Landesanstalt für Umweltschutz Baden-Württemberg und dem Sächsischen Landesamt für Umwelt und Geologie.

7 Literatur

AG Boden (1994) Bodenkundliche Kartieranleitung, 4. Aufl., Hannover

Barth N, Pälchen W, Rank G, Heilmann H (1996) Bodenatlas des Freistaates Sachsen, Teil 1: Hintergrundwerte für Schwermetalle und Arsen in landwirtschaftlich genutzten Böden. Materialien zum Bodenschutz, Sächsisches Landesamt für Umwelt und Geologie, Radebeul

Goetz D, Bauske B, Claussen A, Gläseker W, Holz C (1994) Bodenkundliche Untersuchungen zu thermischen, chemischen und biologischen Bodenreinigungsverfahren. Umweltbundesamt

Grossmann J (1988) Physikalische und chemische Prozesse bei der Probenahme von Sickerwasser mittels Saugsonden. Unveröff. Diss., Techn. Univ. München

Herms U, Brümmer G (1980) Einfluß der Bodenreaktion auf Löslichkeit und tolerierbare Gesamtgehalte an Nickel, Kupfer, Zink, Cadmium und Blei in Böden und kompostierten Siedlungsabfällen. Landw. Forsch. 33:408-423

Herms U, Brümmer G (1984) Einflußgrößen der Schwermetalllöslichkeit in Böden. Z. Pflanzenernähr. Bodenk. 147:400-424

Johnston S E, Barnard W M (1979) Comparative effectiveness of fourteen solutions for extracing arsenic from four western New York soils. Soil Science Society of America Journal 43:304-308

Kaltschmidt T, Schmidt J (1998) Endbericht: Schwermetallaustrag aus Bodensäulen bei ungesättigter und gesättigter Durchströmung, Unveröff. Bericht LfU Karlsruhe

Keppler J, Brümmer G W (1997) Vergleich und Validierung von Elutions- und Extraktionsverfahren bei Bodenuntersuchungen. Unveröff. Bericht, LfU Karlsruhe

Krumnöhler J, Welp G, Brümmer G W (1996) Laborvorschrift zur Herstellung von Bodensättigungsextrakten (BSE) aus lufttrockenen Bodenproben; Informativer Anhang zur DIN-Vornorm 19735

Landesamt für Umwelt und Geologie [Hrsg.] (1991) Umweltbericht des Freistaates Sachsen. Radebeul

Landesamt für Umwelt und Geologie [Hrsg.] (1994): Fakten zur Umwelt, Ausgabe 1994. Radebeul

McGuire P E, Lowery B, Helmke P A (1992) Potential sampling error: Trace metal adsorption on vacuum porous cup samplers. Soil Sience Society of America J. 56:74-82

Scheffer F, Schachtschabel P (1992) Lehrbuch der Bodenkunde. Enke Verlag: Stuttgart

Zeien H, Brümmer G W (1989) Chemische Extraktion zur Bestimmung von Schwermetall-bindungsformen in Böden. Mitt. Dtsch. bodenkundl. Gesellsch. 59:505-510

Zeien H, Brümmer G W (1991) Ermittlung der Mobilität und Bindungsformen von Schwermetallen in Böden mittels sequentieller Extraktion. Mitt. Dtsch. bodenkundl. Gesellsch. 66:439-442

Anhang

Tutzinger Projekt „Ökologie der Zeit"

Böden als Lebensgrundlage erhalten!
Vorschlag für ein „Übereinkommen zum nachhaltigen Umgang mit Böden"
(Bodenkonvention)

I. Böden als Lebensgrundlage erhalten – Einführung

Die Böden sind weltweit in hohem Maße gefährdet. Dies ist von herausragender Bedeutung, denn fast die gesamte Ernährung des Menschen beruht auf der Fruchtbarkeit von Böden. Böden sind darüber hinaus Lebensraum und zentrale Lebensgrundlage für Pflanzen und Tiere sowie für zahlreiche Mikroorganismen. Durch nicht-nachhaltige Formen der Bodenbewirtschaftung und durch die ständig wachsende Bebauung und Versiegelung durch Siedlungen und Verkehrsflächen werden Böden in ihren verschiedenen Funktionen degradiert oder gar gänzlich zerstört. Die vier grundlegenden Bodenfunktionen (Lebensraum-, Regelungs-, Nutzungs- und Kulturfunktion) sind dadurch weltweit gefährdet.

Bodenbildungsprozesse spielen sich in sehr langen Zeiträumen ab. Durch Eingriffe des Menschen wird die Degradation von Böden beschleunigt; die Bodenbildung kann damit nicht mehr Schritt halten. Die nicht-nachhaltige Bodennutzung bewirkt, daß die Zeitskalen von Bodenbildung und Bodendegradation zunehmend auseinanderklaffen. Ein wichtiger Grund der beschleunigten Degradation sind das Unwissen und das „Überspielen" der natürlichen Rhythmen der Böden. Wenn man die typischen Zeitskalen der Bodendegradation (Jahrzehnte) ins Verhältnis setzt zu den Zeitskalen der Bodenbildungsprozesse (Jahrhunderte bis Jahrtausende), ist die Tragweite dieser Entwicklung unmittelbar einsichtig.

Verbindlichkeit statt Empfehlungen

Das Bodenproblem entspricht zwar in seiner Tragweite und Bedeutung für die Menschen und den Naturhaushalt dem globalen Klimawandel oder dem Verlust biologischer Vielfalt; es ist jedoch bislang vergleichsweise wenig öffentlich diskutiert worden und noch kaum ins Bewußtsein breiter Bevölkerungsschichten gedrungen.

Es gibt bereits einige Dokumente und Empfehlungen zu einem verantwortungsvollen Umgang mit Böden, so z.B. die „Welt-Boden-Charta" der FAO (1981), die „Europäische Boden-Charta" des Europarats (1989) und die Kapitel 10 bis 14 der Agenda 21 der UN-Konferenz für Umwelt und Entwicklung in Rio de

Janeiro (1992). Diese Texte haben jedoch bisher wenig konkrete Wirkungen erzielt, da sie nur *empfehlenden* Charakter haben.

Es bedarf daher keiner weiteren Deklarationen. Dringlich sind vielmehr *international verbindliche Regeln* zu einem nachhaltigen Umgang mit Böden. Das geeignetste Instrument dafür ist eine völkerrechtlich verbindliche *Konvention*. Beispiele dafür sind das „Rahmenübereinkommen der Vereinten Nationen über Klimaänderungen" (Klima-Rahmenkonvention) und daneben das „Übereinkommen über die biologische Vielfalt" (Biodiversitätskonvention).

Das am 17. Juni 1994 in Paris verabschiedete und am 27. Dezember 1996 in Kraft getretene „Internationale Übereinkommen zur Bekämpfung der Wüstenbildung in von Dürre und/oder Wüstenbildung betroffenen Länder, insbesondere in Afrika" (Wüstenkonvention) ist ein wichtiger erster Schritt zum Schutz der Böden. Die Einschränkung auf die Trockengebiete und semiariden Gebiete hat jedoch zur Folge, daß der *globale Charakter* der Bodendegradation verkannt wird und das Problem für die übrigen Gebiete „weit weg" zu sein scheint. Durch den Einsatz von Erdöl zur Herstellung von Düngemitteln und Pestiziden sowie zum Betrieb von Maschinen wird die in den industrialisierten Staaten ebenfalls stattfindende Bodendegradation „maskiert" und damit erst verspätet in ihrer ganzen Tragweite erkannt.

Angesichts der langen Zeitskalen von Bodenbildungsprozessen ist es wichtig, daß nicht weiterhin wertvolle Zeit zum aktiven Umsteuern in Richtung eines nachhaltigen Umgangs mit Böden verstreicht. Deshalb ist es dringend notwendig, die Wüstenkonvention zu einer *umfassenden Bodenkonvention* weiterzuentwickeln.

Zwischen den Böden und den Regelungsbereichen bereits in Kraft getretener Konventionen bestehen zum Teil enge Bezüge. Insbesondere die Konvention zur biologischen Vielfalt ist zu nennen, da die Erhaltung der Vielfalt des Lebens in den Böden für die Erhaltung und Förderung der Bodenfruchtbarkeit sehr wichtig ist und zugleich die Vielfalt der Böden für die biologische Vielfalt der sie tragenden Ökosysteme eine entscheidende Größe darstellt. Dennoch könnte auch eine intensivere Behandlung der biologischen *Vielfalt in den Böden* im Rahmen der bestehenden Konvention nicht die ganze Bandbreite der Fragen eines nachhaltigen Umgangs mit Böden abdecken. Abgesehen davon wurde bisher diese Konvention fast ausschließlich auf die biologische *Vielfalt außerhalb der Böden* angewandt; die ungeheure Vielfalt des Lebens in den Böden, die in ihrer Bedeutung dem vergleichbar ist, wurde dagegen kaum beachtet. Durch eine enge Koordination der wechselweisen Bezüge im Rahmen einer Bodenkonvention und der Konvention zur biologischen Vielfalt können sowohl die Zielsetzung des Erhalts der biologischen Vielfalt als auch die eines nachhaltigen Umgangs mit Böden gleichermaßen vorangebracht werden.

Der Vorschlag einer umfassenden Bodenkonvention negiert in keiner Weise die Vielfalt der Böden und Bewirtschaftungsformen. Im Gegenteil: Erst eine umfassende Bodenkonvention lenkt den Blick auf die Tragweite der Bodenproblematik und gibt damit der öffentlichen Aufmerksamkeit die erforderliche Schubkraft, um die Probleme gemäß den spezifischen Standortbedingungen anzugehen.

Ein erster Vorschlag

Es liegen inzwischen zwar eine Reihe von allgemeinen Empfehlungen für eine umfassende Bodenkonvention sowie weitere Texte vor, die für eine solche Konvention wichtige Aspekte enthalten. Bisher gibt es aber noch keinen zusammenfassenden Vorschlag. Deshalb haben wir in der Tutzinger Zeitakademie „Boden-Kultur – Zeitökologische Aspekte eines nachhaltigen Umgangs mit Böden" (6. bis 9. April 1997) diesen anstehenden nächsten Schritt diskutiert. Darauf aufbauend wurde der unten abgedruckte Vorschlag für eine international verbindliche Bodenkonvention erarbeitet.

Wir orientieren uns bei diesem Vorschlag an der Struktur und den Formulierungen der Konventionen der Vereinten Nationen, damit der Entwurf unmittelbar in die internationale Debatte um die angemessene Instrumentierung der Bodenpolitik eingehen kann. Daneben arbeiteten wir eine Vielzahl weiterer Texte ein *(s. Kap. III)*. Die Übernahme von Textstellen aus der relevanten Literatur ist nicht wörtlich gekennzeichnet. Inhaltlich wichtige Teile wurden – ohne Anspruch auf Vollständigkeit – ausformuliert. Die eher organisatorisch-juristischen Einzelfragen wurden von der Völkerrechtlerin Kerstin Brandt aus Cottbus ausformuliert, ebenfalls in enger Anlehnung an vergleichbare Bestimmungen bestehender Konventionen. Eine Vielzahl kritischer Stellungnahmen zu einem ersten Textentwurf gaben uns für den vorliegenden Text wichtige Anregungen. Allen, die an der Ausarbeitung des Vorschlags zu einer Bodenkonvention mitgewirkt haben, sei an dieser Stelle ausdrücklich gedankt.

Vorschlag für ein
„Übereinkommen zum nachhaltigen Umgang mit Böden"
(Bodenkonvention)

Präambel

Die Vertragsparteien

im Bewußtsein der Tatsache, daß die Böden Grundlage des Lebens von Menschen, Tieren und Pflanzen auf dem Lande sowie Lebensraum für eine unermeßliche Fülle von Leben in ihnen sind,

eingedenk der Diskrepanz zwischen dem schnellen Voranschreiten der Bodendegradation und dem sehr langwierigen Prozeß der Bodenbildung,

in Anbetracht dessen, daß die Maßnahmen zur Erreichung eines nachhaltigen Umgangs mit Böden und der Erhaltung aller Bodenfunktionen je nach der Art der sehr verschiedenen Böden, der Klimaeinflüsse und der Bewirtschaftungsformen sehr unterschiedlich sind,

im Bewußtsein, daß die Erhaltung der Böden und der Bodenfunktionen eine Voraussetzung für die dauerhafte Sicherung der Welternährung ist und die nachwachsenden Rohstoffe für eine nachhaltige Entwicklung wachsende Bedeutung erlangen werden,

in Erkenntnis der Bedeutung eines nachhaltigen Umgangs mit Böden für den Erhalt der biologischen Vielfalt,

in Anbetracht der Bedeutung der Böden für das globale Klimasystem sowie der Rückwirkungen von Klimaänderungen auf die Böden,

sowie in Anbetracht der Bedeutung der Böden für den nachhaltigen Umgang mit Wasser sowie der großen Bedeutung des Wasserhaushalts für die Bodenfruchtbarkeit,

besorgt darüber, daß sich die vielen, lokal und regional auftretenden, unterschiedlichen Bodendegradationen global zu einer ernsten Bedrohung der Menschheit aufhäufen, die in ihrer Größenordnung dem anthropogenen Treibhauseffekt und der Bedrohung der biologischen Vielfalt vergleichbar ist,

sowie besorgt darüber, daß diese Vorgänge schon im vollen Gange sind und – anders als bei der angelaufenen Klimaveränderung – nicht erst für die Zukunft massiv zu erwarten sind,

sowie besorgt darüber, daß der Trend zur beschleunigten Bodendegradation trotz einzelner Gegenmaßnahmen und positiver Beispiele eines nachhaltigen

Umgangs mit Böden insgesamt gesehen ungebrochen ist,

in Bekräftigung der in der „Welt-Boden-Charta" der FAO zum Ausdruck gebrachten Sorge um den Verlust und die Schädigung der Böden,

in Bestätigung des „Übereinkommens der Vereinten Nationen zur Bekämpfung der Wüstenbildung in den von Dürre und/oder Wüstenbildung schwer betroffenen Ländern, insbesondere in Afrika" (Wüstenkonvention) als wichtigen ersten Schritt zum Schutz der Böden und zu einem nachhaltigen Umgang mit Land,

in Bekräftigung dessen, daß die ersten Schritte im Rahmen der Wüstenkonvention in der Überleitungsphase zu diesem Übereinkommen mit Entschiedenheit und ohne Verzögerung durchzuführen sind,

sowie in Bekräftigung der Notwendigkeit, alle Stakeholder in den nachhaltigen Umgang mit Böden einzubeziehen,

in der Erkenntnis, daß dem lokalen Erfahrungswissen über standortgerechte Nutzungsweisen von Böden einschließlich der jahreszeitlichen Rhythmen und Regenerationszeiten dieselbe Bedeutung für die Bodenforschung zukommt wie den auf naturwissenschaftlichen Methoden beruhenden Ansätzen,

sowie in der Erkenntnis, daß ein nachhaltiger Umgang mit Böden als Teil einer nachhaltigen Entwicklung nur möglich ist, wenn die ökonomischen und sozialen Rahmenbedingungen gemäß dem Stakeholder-Ansatz berücksichtigt werden,

in Anerkennung des Wertes, den die Böden und die Bodenvielfalt an sich verkörpern –

sind wie folgt übereingekommen:

Artikel 1

Begriffsbestimmungen

Im Sinne dieses Übereinkommens

1. bedeutet „**biologische Vielfalt**" die Variabilität unter lebenden Organismen jeglicher Herkunft, sowohl Organismen in Böden als auch die von der Bodenfruchtbarkeit lebenden terrestrischen und aquatischen Organismen; sie umfaßt die Vielfalt innerhalb der Arten, zwischen den Arten und die Vielfalt der Ökosysteme und der in diesen ablaufenden Prozesse;

2. bedeutet „**Boden**" der dünne obere Bereich der Erdkruste, in dem sich Gestein (Litosphäre), Luft (Atmosphäre), Wasser (Hydrosphäre) und Lebewelt (Biosphäre) durchdringen (Pedosphäre); Böden treten als Naturkörper in ei-

ner sehr großen Vielfalt unterschiedlicher Formen auf;

3. bedeutet „**Bodenbildungsprozesse**" die Vorgänge, die zur Bildung der Böden und ihrer verschiedenen Horizonte und Strukturen führen und deren Zeitskalen sich je nach Ausgangsgestein, Alter der Böden und Klimaeinfluß in einer Bandbreite von Jahrhunderten bis zu mehreren Jahrtausenden bewegen, wobei die Zeitskalen der Bodenbildung durch die unterschiedlichen Bodennutzungsarten verändert werden können;

4. bedeutet „**Bodendegradation**" die Schädigung und Zerstörung von Böden und Bodenfunktionen in Form von Erosion durch Wasser und Wind, Versalzung, Versauerung, Schadstoffeintrag und andere Verunreinigungen, Schädigung des Bodenlebens und anderen Formen der Schädigung des Bodenstoffhaushalts, Verdichtung, Versiegelung, Ausgrabung und anderen negativen Auswirkungen der menschlichen Nutzung;

5. bedeutet „**Bodenfruchtbarkeit**" das durch die Höhe des natürlichen Nährstoffvorrats und der pflanzenverfügbaren Wassermenge bestimmte Vermögen der Böden, Pflanzen und Tiere zu ernähren, wobei die Bodenfruchtbarkeit durch Bewirtschaftungsformen beeinflußt wird und der Aktivität von Bodenlebewesen besondere Bedeutung für die Bodenfruchtbarkeit zukommt;

6. bedeutet „**Bodenfunktionen**" die verschiedenen Funktionen der Böden in Form der Lebensraumfunktion, der Regelungsfunktion, der Nutzungsfunktion und der Kulturfunktion;

7. bedeutet „**Bodennutzungsarten**" die verschiedenen Nutzungsmöglichkeiten des Bodens durch den Menschen in Form der Produktion in Land- und Forstwirtschaft, der Ausbeutung der Bodenschätze, der Nutzung als Flächen für Siedlungen, Verkehr, industrielle und sonstige gewerbliche Produktion, Erholungszwecke, Ver- und Entsorgung sowie als Archiv für Natur- und Kulturgeschichte;

8. bedeutet „**Bodentyp**" die unterschiedliche Art und Abfolge von Bodenhorizonten;

9. bedeutet „**Desertifikation**" der Prozeß der Bodendegradation in ariden, semiariden und trockenen subhumiden Gebieten infolge verschiedener Faktoren, einschließlich Klimaschwankungen und menschlicher Tätigkeiten;

10. bedeutet „**nachhaltiger Umgang mit Böden**" die Nutzung und den Umgang mit Böden in einer Art und Weise, die die Balance zwischen den Prozessen der Bodenbildung und der Bodendegradation sowie das Potential der

Bodenfunktionen erhält;

11. bedeutet „**Stakeholder-Ansatz**" die aktive Einbeziehung aller Akteure der unterschiedlichen Ebenen mit besonderem Schwergewicht auf den lokalen und regionalen Akteuren;

12. bedeutet „**Syndrom**" die flächenbezogene Bündelung der Bodendegradation entsprechend deren typischen Ursachen und Erscheinungsformen, wobei die Syndrome je nach gewählter Aggregierungsstufe auf regionaler und/oder lokaler Skala Anwendung finden können.

Artikel 2

Ziele

(1) Ziel dieses Übereinkommens ist der nachhaltige Umgang mit allen Arten von Böden durch alle Staaten der Erde zur Erhaltung aller Bodenfunktionen. Zu diesem Zwecke sind die je nach Klima, Bewirtschaftungsformen, Art und Alter der Böden etc. unterschiedlichen Bodendegradationen so weit abzubremsen, daß eine Balance mit den Bodenbildungsprozessen erreicht wird. Die Bewirtschaftungsformen sollen standortgerecht die Bodenfruchtbarkeit erhalten und fördern, um die Nahrungsmittelerzeugung zu gewährleisten und nachwachsende Rohstoffe zu liefern. Die Beachtung der anderen Bodenfunktionen ist von gleich hoher Bedeutung. Besonderes Augenmerk ist auf die Erhaltung der biologischen Vielfalt in den Böden zu richten.

(2) Ferner ist es das Ziel, entsprechend den Kriterien der Nachhaltigkeit den Einsatz von fossilen Energieträgern und Rohstoffen für die Bodenbewirtschaftung effizienter zu gestalten und schrittweise abzubauen, damit die in Jahrmillionen gebildeten Kohlenstoffdepots nicht in wenigen Generationen aufgebraucht werden, sondern auch noch für künftige Generationen als nutzbare Vorräte verfügbar sind.

(3) Die von der Wüstenkonvention der Vereinten Nationen verfolgten Ziele der Bekämpfung der Wüstenbildung und Milderung der Dürrefolgen in schwer betroffenen Ländern, insbesondere in Afrika, werden als wichtiger Teil der gesamten Aufgabe weiter mit Nachdruck verfolgt.

(4) Entsprechend dem Stakeholder-Ansatz sollen alle Akteure einbezogen werden und insbesondere lokale und regionale Initiativen zum standortgerechten Umgang mit Böden gefördert werden.

Artikel 3

Grundsätze

(1) Die Staaten haben nach der Charta der Vereinten Nationen und den Grundsätzen des Völkerrechts das souveräne Recht, ihre eigenen Bodenressourcen zu nutzen. Dabei unterliegen sie jedoch dem Grundsatz der nachhaltigen Entwicklung.

(2) Um einen nachhaltigen Umgang mit Böden zu erreichen, sind eine aktionsorientierte Herangehensweise und die Zugrundelegung des Stakeholder-Ansatzes unabdingbare Voraussetzungen.

Artikel 4

Verpflichtungen

(1) Die Vertragsparteien werden

a) bei allen ihren bodenbezogenen Aktivitäten den Stakeholder-Ansatz zugrundelegen;

b) nationale Programme zum nachhaltigen Umgang mit Böden erarbeiten und verabschieden, in denen die Ziele, Prioritäten, Maßnahmen, gesetzlichen und sonstigen Voraussetzungen zur Realisierung der Maßnahmen, Forschungsanstrengungen, Förderung des lokalen Wissens und die Finanzierung zusammengefaßt werden, wobei für die Flächennutzungsplanung und die Nutzung der Bodenressourcen dem integrierten Ansatz eine besondere Bedeutung zukommen soll;

c) die nationalen Programme aktiv umsetzen und dabei insbesondere förderliche institutionelle Bedingungen schaffen, die die Landnutzer und die anderen Akteure zum nachhaltigen Umgang mit Böden befähigen und anreizen;

d) in regelmäßigen Abständen die Wirksamkeit der nationalen Programme für die unterschiedlichen Böden und Problemschwerpunkte der Bodendegradation untersuchen und systematisch erfassen;

e) zur Verbesserung und Effektivierung der nationalen Programme systematische nationale Verzeichnisse erstellen, in denen die wichtigsten Syndrome der Bodendegradation erfaßt werden und die den nationalen Programmen als Grundlage für die zu ergreifenden Maßnahmen dienen;

f) ein systematisches und umfassendes Boden-Monitoring aufbauen;

g)   Bildung, Ausbildung und öffentliches Bewußtsein auf dem Gebiet des Umgangs mit Böden fördern;

h)   den internationalen Informationsaustausch zum nachhaltigen Umgang mit Böden intensivieren und hierbei insbesondere Entwicklungsländer unterstützen;

i)   in den supranationalen und internationalen Zusammenschlüssen auf die Verwirklichung der Ziele dieses Übereinkommens hinwirken;

j)   intensive Anstrengungen zur Erhaltung und Förderung der Bodenfruchtbarkeit und Bodenbildung unternehmen, wobei der Entsiegelung von Flächen eine besondere Bedeutung zukommt;

k)   alle ihre Maßnahmen zur Bodenerhaltung, -verbesserung und -wiedergewinnung an den Zielen dieses Übereinkommens ausrichten.

(2) Die Vertragsparteien, die entwickelte Länder sind, werden die Staaten mit besonderen Problemen der Bodendegradation einschließlich der -kontamination, Trockenheit und Wüstenbildung bei ihren Maßnahmen zur Bodenerhaltung, -verbesserung und -wiedergewinnung unterstützen.

Artikel 5

Stakeholder-Ansatz

Bei der Erfüllung ihrer Verpflichtung nach Artikel 4 Absatz 1 Buchstabe a werden die Vertragsparteien

a)   die Interessen aller Akteure der unterschiedlichen Ebenen beachten, wobei insbesondere lokale und regionale Akteure mit einbezogen werden;

b)   in ihren nationalen Bodenprogrammen die Maßnahmen anführen, die der Einbeziehung aller Akteure in den Prozeß des nachhaltigen Umgangs mit Böden und ihrer aktiven Beteiligung dienen;

c)   bei internationalen Programmen sowie multi- und bilateralen Hilfsprogrammen auf die Einbeziehung aller Stakeholder, insbesondere der Gemeinden, lokalen Gruppen und Landnutzer, hinwirken.

Artikel 6

Syndrome der Bodendegradation

(2) Als Grundlage für die aktionsorientierte Herangehensweise dieses Übereinkommens wird ein Schwergewicht auf die Erfassung der wichtigsten Syndrome der Bodendegradation gelegt. Das Syndromkonzept ermöglicht es, je
nach der gewählten Aggregierungs- bzw. Detaillierungsstufe regional
und/oder lokal anzusetzen.

(3) Bei der Erfüllung ihrer Verpflichtungen nach Artikel 4 Absatz 1 Buchstabe
e werden die Vertragsparteien

    a) mittels verschiedener Aggregierungs- und Detaillierungsstufen bei der
Erfassung der Syndrome der Bodendegradation sowohl regional als auch
lokal ansetzen;

    b) vergleichbare Krankheitsbilder herausarbeiten, um auf diese Weise die
Vielfalt der Böden, die Bewirtschaftungsformen und die Folgen der Bo-
dendegradation für die Bodenfunktionen, deren Ursachen und Folgen in
Syndromen flächenbezogen zu bündeln;

    c) besonderes Augenmerk auf die Erhaltung der biologischen Vielfalt und
auf die Regenerationszeiten der Böden legen;

    d) die so erfaßten Syndrome der Bodendegradation als Grundlage für die
Herausarbeitung der prioritär und der breit anzugehenden Maßnahmen
sowie als Prüfungsmaßstab für die Effektivität der ergriffenen Maßnahmen und ihrer Folgen verwenden.

Artikel 7

Bodenmonitoring und Bodenforschung

(2) Bei der Erfüllung ihrer Verpflichtungen nach Artikel 4 Absatz 1 Buchstabe f zum Aufbau eines Bodenmonitoring werden die Vertragsparteien

    a) auf vorhandenen Daten und Methoden wie dem „Global Assessment of
Soil Degradation" (GLASOD) aufbauen;

    b) die Entwicklung der Bodendegradation differenziert nach Bodentypen,
Bodenfunktionen, Art der Bodendegradation und zugehörigen Syndromen erfassen und dabei neben den standardisiert erfaßten Angaben das
Erfahrungswissen in den jeweiligen Kategorien der lokalen Landnut-
zungsakteure zusammentragen;

c) die Bodenbildungsprozesse einschließlich der Auswirkungen menschlicher Aktivitäten auf die Zeitskalen der Bodenbildungsprozesse erfassen;

d) einen Index der Nachhaltigkeit/Nichtnachhaltigkeit des Umgangs mit Böden erstellen, indem sie für geeignete Gebietseinheiten die Bodenbildungs- und die Degradationsraten kontinuierlich gegenübergestellen und bilanzieren und auf diese Weise Zeitreihen und verschiedene Gebiete miteinander systematisch vergleichen;

e) die Wirkungen von Maßnahmen zur Verbesserung des Umgangs mit Böden nach der Methodik und den Daten der „World Overview of Conservation Approaches and Technologies" (WOCAT) erfassen, differenziert insbesondere nach unterschiedlichen Wirtschaftsformen;

f) die Wirkungen der Bodendegradation auf Erträge und Kosten erfassen;

g) die bodenbezogenen ökonomischen und soziokulturellen sowie politischen und gesetzlichen Rahmenbedingungen erfassen;

h) unter der Leitung der Konferenz der Vertragsparteien zusammenarbeiten, um die Datenerfassung nach einem weltweit vergleichbaren Muster vorzunehmen;

i) unter der Leitung der Konferenz der Vertragsparteien zusammenarbeiten, um das Bodenmonitoring in ein weltweit koordiniertes Bodenkataster münden zu lassen.

(2) Die Vertragsparteien werden die Daten des Bodenmonitoring für die lokalen Landnutzer, die Öffentlichkeit und jene Stellen aufbereiten, die für die Landnutzung zuständig sind. Sie werden die Angaben zugleich als Grundlage für Forschungen, für Maßnahmen im Rahmen der nationalen Programme zum nachhaltigen Umgang mit Böden und für die Methodenweiterentwicklung beispielsweise im ökologischen Landbau verwenden.

(3) Im Bereich der Forschung und der Forschungsförderung werden die Vertragsparteien folgende Schwerpunkte setzen, die entsprechend der Akkumulation des Wissens und der Erfahrungen fortlaufend ergänzt und weiterentwickelt werden:

a) die Flächenkonkurrenz zwischen agrar-/forstwirtschaftlicher Nutzung und Siedlungsentwicklung;

b) die Möglichkeiten, wie die Ausgestaltung der Nutzungsfunktion und der übrigen Bodenfunktionen miteinander in Einklang zu bringen sind;

c) die Erarbeitung von Bewertungsmaßstäben zum nachhaltigen Umgang mit Böden;

d) die Erfassung und das Verständnis der biologischen Vielfalt in Böden
    und deren Bedeutung für die Resilienz und Pufferkapazitäten der Böden.

Artikel 8

Bildung, Ausbildung und öffentliches Bewußtsein

Bei der Erfüllung ihrer Verpflichtungen nach Artikel 4 Absatz 1 Buchstabe g
werden die Vertragsparteien

a) das Bewußtsein dafür fördern, daß die Bodendegradation nicht nur lokal
    Probleme bereitet, sondern aggregiert eine globale Gefährdung der Lebens-
    grundlagen bedeutet, vergleichbar den anderen großen ökologischen The-
    menbereichen Wasser, biologische Vielfalt und Klima;

b) das Bewußtsein von der Vielfalt und Standortgebundenheit der Böden in
    den Regionen und kleinräumigen Einheiten stärken;

c) das Bewußtsein dafür schärfen, in welch kurzen Zeiträumen Böden durch
    menschliche Eingriffe degradiert und zerstört werden und welch ver-
    gleichsweise lange Zeiträume die Bildung von Böden benötigt;

d) die Bedeutung der Vielfalt in der Bodenbewirtschaftung im Hinblick auf die
    Rhythmen und damit die Vielfalt der Böden vermitteln;

e) ihre Bildungsaufgabe auf allen Ebenen des Bildungssystems wahrnehmen.

Artikel 9

Überleitung der Wüstenkonvention

Die Bestimmungen des „Übereinkommens der Vereinten Nationen zur Bekämpfung der Wüstenbildung in den von Dürre und/oder Wüstenbildung schwer betroffenen Ländern, insbesondere Afrika" (Wüstenkonvention) sind Bestandteil
dieses Übereinkommens. Die begonnenen und beschlossenen Maßnahmen zur
Umsetzung der Wüstenkonvention werden nach Inkrafttreten dieses Übereinkommens durch die organisatorischen und finanziellen Mechanismen dieses
Übereinkommens weitergeführt und gewährleistet. Das Nähere regeln die Über-
gangsbestimmungen in der Anlage I dieses Übereinkommens.

Artikel 10

Verhältnis zu anderen völkerrechtlichen Übereinkommen

(1) Dieses Übereinkommen läßt die Rechte und Pflichten einer Vertragspartei aus bestehenden völkerrechtlichen Übereinkommen unberührt, außer wenn die Wahrnehmung dieser Rechte und Pflichten den nachhaltigen Umgang mit Böden ernsthaft schädigen oder bedrohen würde.

(2) Wegen der sachlichen Überschneidungen dieses Übereinkommens mit dem Übereinkommen über die biologische Vielfalt wird die Konferenz der Vertragsparteien

    a) der vom Übereinkommen über die biologische Vielfalt eingesetzten Konferenz der Vertragsparteien in regelmäßigen Abständen Bericht über die aufgrund dieses Übereinkommens getroffenen Maßnahmen erstatten;

    b) über das Sekretariat mit dem vom Übereinkommen über die biologische Vielfalt eingesetzten Sekretariat Verbindung aufnehmen, um geeignete Formen der Zusammenarbeit mit ihm festzulegen.

(3) Wegen der sachlichen Überschneidungen dieses Übereinkommens mit dem Rahmenübereinkommen der Vereinten Nationen über Klimaänderungen wird die Konferenz der Vertragsparteien

    a) der vom Rahmenübereinkommen der Vereinten Nationen über Klimaänderungen eingesetzten Konferenz der Vertragsparteien in regelmäßigen Abständen Bericht über die aufgrund dieses Übereinkommens getroffenen Maßnahmen erstatten;

    b) über das Sekretariat mit dem vom Rahmenübereinkommen der Vereinten Nationen über Klimaänderungen eingesetzten Sekretariat Verbindung aufnehmen, um geeignete Formen der Zusammenarbeit mit ihm festzulegen.

Artikel 11

Konferenz der Vertragsparteien

(1) Hiermit wird eine Konferenz der Vertragsparteien eingesetzt.

(2) Die Konferenz der Vertragsparteien als oberstes Gremium dieses Übereinkommens überprüft in regelmäßigen Abständen die Umsetzung des Über-

einkommens und aller damit zusammenhängenden Rechtsinstrumente, die sie beschließt, und faßt im Rahmen ihres Auftrags die notwendigen Beschlüsse, um die wirksame Durchführung des Übereinkommens zu fördern. Zu diesem Zweck

a) überprüft sie die ihr nach Artikel 16 Absatz 1 vorzulegenden Berichte der Vertragsparteien und leitet die nach Artikel 16 Absatz 2 zu übermittelnden Daten an den Beratenden Ausschuß zur Erstellung weltweiter Verzeichnisse und Indexe weiter;

b) fördert und leitet sie die gemäß Artikel 7 Absatz 1 Buchstabe h und i durchzuführende Zusammenarbeit der Vertragsparteien zur Verwirklichung einer Datenerfassung nach einem weltweit vergleichbaren Muster und zu den Bemühungen, das Bodenmonitoring in ein weltweit koordiniertes Bodenkataster münden zu lassen;

c) beurteilt sie auf der Grundlage aller ihr nach diesem Übereinkommen zur Verfügung gestellten Informationen die Durchführung dieses Übereinkommens durch die Vertragsparteien, die Gesamtwirkung der aufgrund dieses Übereinkommens ergriffenen Maßnahmen und die bei der Verwirklichung der Ziele dieses Übereinkommens erreichten Fortschritte;

d) prüft und beschließt sie regelmäßig Berichte über die Durchführung dieses Übereinkommens und sorgt für deren Veröffentlichung;

e) gibt sie Empfehlungen zu allen für die Durchführung dieses Übereinkommens erforderlichen Angelegenheiten ab;

f) setzt sie gemäß Artikel 13 Absatz 5 die zur Durchführung dieses Übereinkommens für notwendig erachteten Nebenorgane ein;

g) überprüft sie die von ihren Nebenorganen vorgelegten Berichte und gibt ihnen Richtlinien vor;

h) vereinbart und beschließt sie durch Konsens für sich selbst und ihre Nebenorgane eine Geschäfts- und eine Finanzordnung;

i) verabschiedet sie auf jeder ordentlichen Tagung einen Haushalt für die Finanzperiode bis zur nächsten ordentlichen Tagung;

j) bemüht sie sich um - und nutzt gegebenenfalls - die Dienste und Mitarbeit zuständiger internationaler Organisationen und zwischenstaatlicher und nichtstaatlicher Gremien sowie die von diesen zur Verfügung gestellten Informationen;

k) erfüllt sie die zur Verwirklichung der Ziele dieses Übereinkommens notwendigen sonstigen Aufgaben sowie alle anderen ihr aufgrund des Übereinkommens zugewiesenen Aufgaben.

(3) Die erste Tagung der Konferenz der Vertragsparteien wird vom Exekutivdirektor des Umweltprogramms der Vereinten Nationen spätestens ein Jahr nach Inkrafttreten dieses Übereinkommens einberufen. Danach finden ordentliche Tagungen der Konferenz der Vertragsparteien einmal jährlich statt, sofern nicht die Konferenz der Vertragsparteien etwas anderes beschließt.

(4) Außerordentliche Tagungen der Konferenz der Vertragsparteien finden statt, wenn es die Konferenz für notwendig erachtet oder eine Vertragspartei schriftlich beantragt, sofern dieser Antrag innerhalb von sechs Monaten nach seiner Übermittlung durch das Sekretariat von mindestens einem Drittel der Vertragsparteien unterstützt wird.

(5) Die Vereinten Nationen, ihre Sonderorganisationen sowie jeder Mitgliedsstaat einer solchen Organisation oder jeder Beobachter bei einer solchen Organisation, der nicht Vertragspartei dieses Übereinkommens ist, können auf den Tagungen der Konferenz der Vertragsparteien als Beobachter vertreten sein. Jede Stelle, national oder international, staatlich oder nichtstaatlich, die in den von diesem Übereinkommen erfaßten Angelegenheiten fachlich befähigt ist und dem Sekretariat ihren Wunsch mitgeteilt hat, auf einer Tagung der Konferenz der Vertragsparteien als Beobachter vertreten zu sein, kann als solcher zugelassen werden, sofern nicht mindestens ein Drittel der anwesenden Vertragsparteien widerspricht. Die Zulassung und Teilnahme von Beobachtern unterliegen der von der Konferenz der Vertragsparteien beschlossenen Geschäftsordnung.

Artikel 12

Sekretariat

(1) Hiermit wird ein Sekretariat eingesetzt.

(2) Das Sekretariat hat folgende Aufgaben:

   a) Es veranstaltet die Tagungen der Konferenz der Vertragsparteien und ihrer aufgrund dieses Übereinkommens eingesetzten Nebenorgane und stellt die entsprechenden Dienste bereit;

   b) es stellt die ihm vorgelegten Berichte zusammen und leitet sie weiter;

   c) es erarbeitet Berichte über seine Tätigkeit und legt sie der Konferenz der

Vertragsparteien vor;

d) es trifft unter allgemeiner Aufsicht der Konferenz der Vertragsparteien
   die für die wirksame Erfüllung seiner Aufgaben notwendigen verwal-
   tungsmäßigen und vertraglichen Vorkehrungen;

e) es nimmt die anderen ihm in diesem Übereinkommen sowie sonstige,
   ihm von der Konferenz der Vertragsparteien zugewiesenen Aufgaben
   wahr.

(3) Die Konferenz der Vertragsparteien bestimmt auf ihrer ersten Tagung ein
    ständiges Sekretariat und sorgt dafür, daß es ordnungsgemäß arbeiten kann.

Artikel 13

Beratender Ausschuß und andere Nebenorgane

(1) Hiermit wird ein Beratender Ausschuß eingesetzt.

(2) Der Beratende Ausschuß berät die Konferenz der Vertragsparteien und ge-
    gebenenfalls deren andere Nebenorgane zu gegebener Zeit in bezug auf die
    Durchführung dieses Übereinkommens. Der Beratende Ausschuß steht allen
    Vertragsparteien zur Teilnahme offen; er ist fachübergreifend. Er umfaßt
    Regierungsvertreter, die in ihrem jeweiligen Zuständigkeitsgebiet fachlich
    befähigt sind. Er berichtet der Konferenz der Vertragsparteien regelmäßig
    über alle Aspekte seiner Arbeit.

(3) Der Beratende Ausschuß untersteht der Aufsicht der Konferenz der Ver-
    tragsparteien und arbeitet im Einklang mit den von der Konferenz der Ver-
    tragsparteien festgelegten Leitlinien. Unter Heranziehung bestehender zu-
    ständiger internationaler Gremien und unter Einbeziehung der Stakeholder
    wird der Beratende Ausschuß

    a) wissenschaftliche, technische, technologische und auf lokalem Erfah-
       rungswissen beruhende Beurteilungen des Zustands der Böden vorlegen;

    b) wissenschaftliche und auf lokalem Erfahrungswissen beruhende Beur-
       teilungen über die Auswirkungen der zur Durchführung dieses Überein-
       kommens ergriffenen Maßnahmen verfassen;

    c) lokales Erfahrungswissen über standortgerechte Nutzungsweisen von
       Böden einschließlich der jahreszeitlichen Rhythmen und Regenerations-
       zeiten zusammentragen und systematisch erfassen;

    d) innovative, leistungsfähige und dem Stand der Technik entsprechende

Technologien und Know-How im Zusammenhang mit der Erhaltung und der nachhaltigen Nutzung der Böden bestimmen und Möglichkeiten zur Förderung der Entwicklung solcher Technologien und zu ihrer Weitergabe aufzeigen;

e)   Gutachten zur Verwirklichung des Stakeholder-Ansatzes, zu wissenschaftlichen Programmen und zur internationalen Zusammenarbeit bei der Forschung und Entwicklung im Zusammenhang mit der Erhaltung und nachhaltigen Nutzung der Böden abgeben;

f)   wissenschaftliche, technische, technologische und methodologische Fragen sowie Fragen im Zusammenhang mit dem Stakeholder-Ansatz beantworten, die ihm von der Konferenz der Vertragsparteien und ihren Nebenorganen vorgelegt werden;

g)   die Konferenz der Vertragsparteien bei der Überprüfung der ihr nach Artikel 16 Absatz 1 vorzulegenden Berichte der Vertragsparteien unterstützen, indem er die darin enthaltenen nationalen Programme zum nachhaltigen Umgang mit Böden vergleichend auswertet;

h)   die Konferenz der Vertragsparteien bei der Erarbeitung weltweit vergleichbarer Muster für das Bodenmonitoring und dem Aufbau sowie der fortlaufenden Pflege eines weltweit koordinierten Bodenkatasters unterstützen;

i)   aufbauend auf den von den Vertragsparteien übermittelten Daten des Bodenmonitoring und des Bodenkatasters die wichtigsten Syndrome der Bodendegradation vergleichend erfassen;

j)   aufbauend auf den von den Vertragsparteien übermittelten Daten einen internationalen Index der Nachhaltigkeit/Nichtnachhaltigkeit des Umgangs mit Böden erstellen.

(4)   Die weiteren Einzelheiten der Aufgaben, des Mandats, der Organisation und der Arbeitsweise des Beratenden Ausschusses können von der Konferenz der Vertragsparteien festgelegt werden. In Abstimmung mit dem Beratenden Ausschuß kann die Konferenz der Vertragsparteien diesem weitere Aufgaben übertragen.

(5)   Neben dem Beratenden Ausschuß können weitere für notwendig erachtete Nebenorgane von der Konferenz der Vertragsparteien eingesetzt werden.

Artikel 14

Finanzielle Mittel

(1) Jede Vertragspartei verpflichtet sich, im Rahmen ihrer Möglichkeiten finanzielle Unterstützung und Anreize im Hinblick auf diejenigen innerstaatlichen Tätigkeiten bereitzustellen, die zur Verwirklichung der Ziele dieses Übereinkommens durchgeführt werden sollen, im Einklang mit ihren innerstaatlichen Plänen, Prioritäten und Programmen.

(2) Die Vertragsparteien, die entwickelte Länder sind, bemühen sich, den Vertragsparteien, die unterentwickelte Länder sind, bei der Aufbringung der notwendigen finanziellen Mittel zur innerstaatlichen Umsetzung dieses Übereinkommens behilflich zu sein. Zu diesem Zweck werden sie im Einklang mit ihren innerstaatlichen Plänen, Prioritäten und Programmen

    a) staatliche Darlehen zu Vorzugsbedingungen und unentgeltliche Zuschüsse bereitstellen, um die nationalen Programme zur Umsetzung dieses Übereinkommens in den Vertragsparteien, die Entwicklungsländer sind, zu unterstützen;

    b) auf die Aufstockung der finanziellen Mittel der Globalen Umweltfazilität hinwirken;

    c) auf dem Wege internationaler Zusammenarbeit die Weitergabe der erforderlichen Kenntnisse, Know-how und Technologie fördern und dabei lokales Erfahrungswissen über standortgerechte Nutzungsweisen von Böden unterstützen;

    d) zusammen mit den Vertragsparteien, die Entwicklungsländer sind, innovative Methoden und Ansätze zur Mobilisierung finanzieller Mittel entwickeln, inklusive solcher, die von Stiftungen, nichtstaatlichen Organisationen und sonstigen Einheiten des privaten Sektors bereitgestellt werden;

    e) Umschuldungsmaßnahmen im Zusammenhang mit nationalen Aktivitäten und Programmen anbieten, die der Umsetzung dieses Übereinkommens dienen.

(3) Die Vertragsparteien, die Entwicklungsländer sind, bemühen sich, im Rahmen ihrer Möglichkeiten die notwendigen finanziellen Mittel zur innerstaatlichen Umsetzung dieses Übereinkommens selbst aufzubringen und die Hilfe der Vertragsparteien, die entwickelte Länder sind, nur dann in Anspruch zu nehmen, wenn sie zur Aufbringung der finanziellen Mittel nicht in der Lage sind. Dabei ist zu berücksichtigen, daß die wirtschaftliche und

soziale Entwicklung sowie die Beseitigung der Armut für die Entwicklungsländer erste und dringlichste Anliegen sind.

(4) Die Vertragsparteien, die entwickelte Länder sind, können auch finanzielle Mittel im Zusammenhang mit der Durchführung dieses Übereinkommens auf nationaler Ebene auf bilateralem, regionalem oder multilateralem Wege zur Verfügung stellen, welche die Vertragsparteien, die Entwicklungsländer sind, in Anspruch nehmen können.

(5) Die Kosten der internationalen Aktivitäten, die aufgrund dieses Übereinkommens zu ergreifen sind, werden von den Vertragsparteien getragen, die entwickelte Länder sind.

(6) Für die Zwecke dieses Artikels erstellt die Konferenz der Vertragsparteien auf ihrer ersten Tagung eine Liste von Vertragsparteien, die entwickelte Länder sind, und von anderen Vertragsparteien, die freiwillig die Verpflichtungen der Vertragsparteien übernehmen, die entwickelte Länder sind. Die Konferenz der Vertragsparteien überprüft diese Liste in regelmäßigen Abständen und ändert sie soweit erforderlich.

Artikel 15

Finanzierungsmechanismus

(1) Für die Bereitstellung finanzieller Mittel gemäß Artikel 14 Absatz 2 Buchstabe a in Form von Darlehen zu Vorzugsbedingungen und unentgeltlichen Zuschüssen für Vertragsparteien, die Entwicklungsländer sind, wird ein Mechanismus eingerichtet, dessen wesentliche Elemente in diesem Artikel beschrieben werden.

(2) Der Mechanismus arbeitet unter Aufsicht und Leitung der Konferenz der Vertragsparteien und ist dieser gegenüber verantwortlich. Die Arbeit des Mechanismus wird durch die Einrichtung ausgeführt, die von der Konferenz der Vertragsparteien auf ihrer ersten Tagung beschlossen wird. Die Konferenz der Vertragsparteien arbeitet Empfehlungen hinsichtlich der Höhe der Beiträge der Vertragsparteien aus, die entwickelte Länder sind. Die Vertragsparteien, die entwickelte Länder sind, sowie andere Länder und Geldgeber können auch freiwillig zusätzliche Beiträge leisten. Der Mechanismus arbeitet mit einer demokratischen und transparenten Leitungsstruktur.

(3) Im Einklang mit den Zielen dieses Übereinkommens bestimmt die Konferenz der Vertragsparteien auf ihrer ersten Tagung die Politik, die Strategie, die Programmprioritäten sowie detaillierte Kriterien und Leitlinien für die

Berechtigung zum Zugang zu den finanziellen Mitteln und zu ihrer Verwendung, wozu auch eine regelmäßige Überwachung und Bewertung dieser
Verwendung gehört. Die Konferenz der Vertragsparteien beschließt Vorkehrungen zur Durchführung des Absatzes 2 nach Konsultationen mit der
Einrichtung, der die Erfüllung der Aufgaben des Finanzierungsmechanismus anvertraut ist.

(4) Die Konferenz der Vertragsparteien überprüft spätestens zwei Jahre nach Inkrafttreten dieses Übereinkommens und danach in regelmäßigen Abständen
die Wirksamkeit des nach diesem Artikel eingerichteten Mechanismus einschließlich der in Absatz 3 genannten Kriterien und Leitlinien. Auf der
Grundlage dieser Überprüfung ergreift die Konferenz der Vertragsparteien
erforderlichenfalls geeignete Maßnahmen, um die Wirksamkeit des Mechanismus zu verbessern.

Artikel 16

Berichte

(1) Jede Vertragspartei legt der Konferenz der Vertragsparteien in Zeitabstän-
den von zwei Jahren einen Bericht über die Maßnahmen vor, die sie zur
Durchführung dieses Übereinkommens ergriffen hat sowie über die Wirksamkeit dieser Maßnahmen bei der Verwirklichung seiner Ziele.

(2) Gleichzeitig mit den Berichten legt jede Vertragspartei der Konferenz der
Vertragsparteien ein Verzeichnis der Daten vor, die sie im Rahmen des Bodenmonitoring und des Bodenkatasters zusammengetragen hat, sowie den
von ihr erstellten Index der Nachhaltigkeit/Nichtnachhaltigkeit des Umgangs mit Böden.

Artikel 17

Lösung von Fragen der Durchführung des Übereinkommens

Die Konferenz der Vertragsparteien prüft auf ihrer ersten Tagung die Einführung eines mehrseitigen Beratungsverfahrens zur Lösung von Fragen der Durchführung dieses Übereinkommens, das den Vertragsparteien auf Ersuchen zur
Verfügung steht.

Artikel 18

Beilegung von Streitigkeiten

(1) Im Fall einer Streitigkeit zwischen Vertragsparteien über die Auslegung oder Anwendung dieses Übereinkommens bemühen sich die betroffenen Parteien um eine Lösung durch Verhandlungen.

(2) Können die betroffenen Parteien eine Einigung durch Verhandlungen nicht erreichen, so können sie gemeinsam die guten Dienste einer dritten Partei in Anspruch nehmen oder um deren Vermittlung ersuchen.

(3) Bei der Ratifikation, der Annahme oder der Genehmigung dieses Übereinkommens oder beim Beitritt zum Übereinkommen oder jederzeit danach können ein Staat oder eine Organisation der regionalen Wirtschaftsintegration gegenüber dem Verwahrer schriftlich erklären, daß sie für eine Streitigkeit, die nicht nach Absatz 1 oder 2 gelöst wird, eines der folgenden Mittel der Streitbeilegung oder beide als obligatorisch anerkennen:

a)   Vorlage der Streitigkeit an den Internationalen Gerichtshof;

b)   ein Schiedsverfahren nach Verfahren, die von der Konferenz der Vertragsparteien so bald wie möglich als Anlage II Teil 1 dieses Übereinkommens beschlossen werden.

(4) Eine nach Absatz 3 abgegebene Erklärung bleibt in Kraft, bis sie gemäß den darin enthaltenen Bestimmungen erlischt, oder bis zum Ablauf von drei Monaten nach Hinterlegung einer schriftlichen Rücknahmenotifikation beim Verwahrer.

(5) Haben die Streitparteien nicht nach Absatz 3 demselben oder einem der Verfahren zugestimmt, so wird die Streitigkeit einem Vergleich unterworfen, sofern die Parteien nichts anderes vereinbaren. Das Verfahren für den Vergleich wird von der Konferenz der Vertragsparteien so bald wie möglich als Anlage II Teil 2 dieses Übereinkommens beschlossen werden.

(6) Dieser Artikel findet auf jedes Protokoll Anwendung, sofern in dem betreffenden Protokoll nichts anderes vorgesehen ist.

Artikel 19

Änderung des Übereinkommens

(1) Jede Vertragspartei kann Änderungen dieses Übereinkommens vorschlagen.

(2) Änderungen dieses Übereinkommens werden auf einer ordentlichen Tagung der Konferenz der Vertragsparteien beschlossen. Der Wortlaut einer vorgeschlagenen Änderung des Übereinkommens wird den Vertragsparteien mindestens sechs Monate vor der Sitzung, auf der die Änderung zur Beschlußfassung vorgeschlagen wird, vom Sekretariat übermittelt. Das Sekretariat übermittelt vorgeschlagene Änderungen auch den Unterzeichnern des Übereinkommens und zur Kenntnisnahme dem Verwahrer.

(3) Die Vertragsparteien bemühen sich nach Kräften um eine Einigung durch Konsens über eine vorgeschlagene Änderung dieses Übereinkommens. Sind alle Bemühungen um einen Konsens erschöpft und wird keine Einigung erzielt, so wird als letztes Mittel die Änderung mit Dreiviertelmehrheit der auf der Sitzung anwesenden und abstimmenden Vertragsparteien beschlossen. Die beschlossene Änderung wird vom Sekretariat dem Verwahrer übermittelt, der sie an alle Vertragsparteien zur Annahme weiterleitet.

(4) Die Annahmeurkunden in bezug auf jede Änderung werden beim Verwahrer hinterlegt. Eine nach Absatz 3 beschlossene Änderung tritt für die Vertragsparteien, die sie angenommen haben, am neunzigsten Tage nach dem Zeitpunkt in Kraft, zu dem Annahmeurkunden von mindestens drei Vierteln der Vertragsparteien dieses Übereinkommmens beim Verwahrer eingegangen sind.

(5) Für jede andere Vertragspartei tritt die Änderung am neunzigsten Tag nach dem Zeitpunkt in Kraft, zu dem diese Vertragspartei ihre Urkunde über die Annahme der betreffenden Änderung beim Verwahrer hinterlegt hat.

(6) Im Sinne dieses Artikels bedeutet „anwesende und abstimmende Vertragsparteien" die anwesenden Vertragsparteien, die eine Ja- oder eine Nein-Stimme abgeben.

Artikel 20

Beschlußfassung über Anlagen und Änderung von Anlagen des Übereinkommens

(1) Die Anlagen dieses Übereinkommens sind Bestandteile des Übereinkommens. Sofern nicht ausdrücklich etwas anderes vorgesehen ist, stellt eine

Bezugnahme auf das Übereinkommen gleichzeitig eine Bezugnahme auf die Anlagen dar. Unbeschadet des Artikels 9 und des Artikels 18 Absatz 3 Buchstabe b und Absatz 5 sind solche Anlagen auf Listen, Formblätter und andere erläuternde Materialien wissenschaftlicher, technischer, verfahrensmäßiger oder verwaltungstechnischer Art beschränkt.

(2) Anlagen dieses Übereinkommens werden nach dem in Artikel 19 Absätze 2, 3 und 4 festgelegten Verfahren vorgeschlagen und beschlossen.

(3) Eine Anlage, die nach Absatz 2 beschlossen worden ist, tritt für alle Vertragsparteien dieses Übereinkommens sechs Monate nach dem Zeitpunkt in Kraft, zu dem der Verwahrer diesen Vertragsparteien mitgeteilt hat, daß die Anlage beschlossen worden ist; ausgenommen sind die Vertragsparteien, die dem Verwahrer innerhalb dieses Zeitraums schriftlich notifiziert haben, daß sie die Anlage nicht annehmen. Für die Vertragsparteien, die ihre Notifikation über die Nichtannahme zurücknehmen, tritt die Anlage am neunzigsten Tag nach dem Zeitpunkt in Kraft, zu dem die Rücknahmenotifikation beim Verwahrer eingeht.

(4) Der Vorschlag von Änderungen von Anlagen dieses Übereinkommens, die Beschlußfassung darüber und das Inkrafttreten derselben unterliegen demselben Verfahren wie der Vorschlag von Anlagen dieses Übereinkommens, die Beschlußfassung darüber und das Inkrafttreten derselben nach den Absätzen 2 und 3.

(5) Hat die Beschlußfassung über eine Anlage oder eine Änderung einer Anlage eine Änderung dieses Übereinkommens zur Folge, so tritt diese Anlage oder diese Änderung einer Anlage erst in Kraft, wenn die Änderung dieses Übereinkommens selbst in Kraft ist.

Artikel 21

Protokolle

(1) Die Konferenz der Vertragsparteien kann auf jeder ordentlichen Tagung Protokolle des Übereinkommens beschließen.

(2) Der Wortlaut eines vorgeschlagenen Protokolls wird den Vertragsparteien mindestens sechs Monate vor der betreffenden Tagung vom Sekretariat übermittelt.

(3) Die Voraussetzungen für das Inkrafttreten eines Protokolls werden durch das Protokoll selbst festgelegt.

(4) Nur Vertragsparteien dieses Übereinkommens können Vertragsparteien eines Protokolls werden.

(5) Beschlüsse aufgrund eines Protokolls werden nur von den Vertragsparteien des betreffenden Protokolls gefaßt.

Artikel 22

Stimmrecht

(1) Jede Vertragspartei dieses Übereinkommens hat eine Stimme, sofern nicht in Absatz 2 etwas anderes bestimmt ist.

(2) Organisationen der regionalen Wirtschaftsintegration üben in Angelegenheiten ihrer Zuständigkeit ihr Stimmrecht mit der Anzahl von Stimmen aus, die der Anzahl ihrer Mitgliedstaaten entspricht, die Vertragsparteien dieses Übereinkommens sind. Eine solche Organisation übt ihr Stimmrecht nicht aus, wenn einer ihrer Mitgliedstaaten sein Stimmrecht ausübt, und umgekehrt.

Artikel 23

Verwahrer

Der Generalsekretär der Vereinten Nationen ist Verwahrer dieses Übereinkommens und der nach Artikel 21 beschlossenen Protokolle.

Artikel 24

Unterzeichnung

Dieses Übereinkommen liegt für alle Staaten und alle Organisationen der regionalen Wirtschaftsintegration vom ...... bis zum ...... am Sitz der Vereinten Nationen in New York zur Unterzeichnung auf.

Artikel 25

Ratifikation, Annahme oder Genehmigung

(1) Dieses Übereinkommen bedarf der Ratifikation, Annahme oder Genehmigung durch die Staaten und durch die Organisationen der regionalen Wirtschaftsintegration. Die Ratifikations-, Annahme- oder Genehmigungsur-

kunden werden beim Verwahrer hinterlegt.

(2) Jede in Absatz 1 bezeichnete Organisation, die Vertragspartei dieses Übereinkommens wird, ohne daß einer ihrer Mitgliedstaaten Vertragspartei ist, ist durch alle Verpflichtungen aus diesem Übereinkommen gebunden. Sind ein oder mehrere Mitgliedstaaten einer solchen Organisation Vertragspartei dieses Übereinkommens, so entscheiden die Organisation und ihre Mitgliedstaaten über ihre jeweiligen Verantwortlichkeiten hinsichtlich der Erfüllung ihrer Verpflichtungen aus diesem Übereinkommen. In diesen Fällen sind die Organisationen und die Mitgliedstaaten nicht berechtigt, die Rechte aufgrund dieses Übereinkommens gleichzeitig auszuüben.

(3) In ihren Ratifikations-, Annahme- oder Genehmigungsurkunden erklären die in Absatz 1 bezeichneten Organisationen den Umfang ihrer Zuständigkeiten in bezug auf die durch dieses Übereinkommen erfaßten Angelegenheiten. Diese Organisationen teilen dem Verwahrer auch jede maßgebliche Änderung des Umfangs ihrer Zuständigkeiten mit.

Artikel 26

Beitritt

(1) Dieses Übereinkommen steht von dem Tag an, an dem es nicht mehr zur Unterzeichnung aufliegt, Staaten und Organisationen der regionalen Wirtschaftsintegration zum Beitritt offen. Die Beitrittsurkunden werden beim Verwahrer hinterlegt.

(2) In ihren Beitrittsurkunden erklären die in Absatz 1 bezeichneten Organisationen den Umfang ihrer Zuständigkeiten in bezug auf die durch dieses Übereinkommen erfaßten Angelegenheiten. Diese Organisationen teilen dem Verwahrer auch jede maßgebliche Änderung des Umfangs ihrer Zuständigkeiten mit.

(3) Artikel 25 Absatz 2 findet auf Organisationen der regionalen Wirtschaftsintegration, die diesem Übereinkommen beitreten, Anwendung.

Artikel 27

Inkrafttreten

(1) Dieses Übereinkommen tritt am neunzigsten Tag nach dem Zeitpunkt der Hinterlegung der fünfzigsten Ratifikations-, Annahme-, Genehmigungs-

oder Beitrittsurkunde in Kraft.

(2) Für jeden Staat oder für jede Organisation der regionalen Wirtschaftsintegration, die nach Hinterlegung der fünfzigsten Ratifikations-, Annahme-,
Genehmigungs- oder Beitrittsurkunde dieses Übereinkommen ratifiziert,
annimmt, genehmigt oder ihm beitritt, tritt dieses Übereinkommen am
neunzigsten Tag nach dem Zeitpunkt der Hinterlegung der Ratifikations-,
Annahme-, Genehmigungs- oder Beitrittsurkunde durch den Staat oder die
Organisation der regionalen Wirtschaftsintegration in Kraft.

(3) Für die Zwecke der Absätze 1 und 2 zählt eine von einer Organisation der
regionalen Wirtschaftsintegration hinterlegte Urkunde nicht als zusätzliche
Urkunde zu den von den Mitgliedstaaten der Organisation hinterlegten Ur-
kunden.

Artikel 28

Vorbehalte

Vorbehalte zu diesem Übereinkommen sind nicht zulässig.

Artikel 29

Rücktritt

(1) Eine Vertragspartei kann jederzeit nach Ablauf von drei Jahren nach dem
Zeitpunkt, zu dem dieses Übereinkommen für sie in Kraft getreten ist, durch
eine an den Verwahrer gerichtete schriftliche Notifikation vom Übereinkommen zurücktreten.

(2) Der Rücktritt wird nach Ablauf eines Jahres nach dem Eingang der Rücktrittsnotifikation beim Verwahrer oder zu einem gegebenenfalls in der
Rücktrittsnotifikation genannten späteren Zeitpunkt wirksam.

(3) Eine Vertragspartei, die vom Übereinkommen zurücktritt, gilt auch als von
den Protokollen zurückgetreten, deren Vertragspartei sie ist.

Artikel 30

Verbindliche Wortlaute

Die Urschrift dieses Übereinkommens, dessen arabischer, chinesischer, engli-
scher, französischer, russischer und spanischer Wortlaut gleichermaßen ver-

bindlich ist, wird beim Generalsekretär der Vereinten Nationen hinterlegt.

Tutzing, November 1997

III. Zugrundeliegende Dokumente und Literatur

Internationale Regelungen und Empfehlungen:

Europarat (1989): European Soil Charter. Strasbourg: Council of Europe, Publications and Documents Division.

Food and Agriculture Organization (1981): World Soil Charter. Rom: C 81/27 FAO.

Vereinte Nationen (1992): Agenda 21. Abgedruckt in: Bundesministerium für Umwelt, Naturschutz und Reaktorsicherheit (Hg.): Umweltpolitik. Konferenz der Vereinten Nationen für Umwelt und Entwicklung im Juni 1992 in Rio de Janeiro. Bonn: BMU, Kapitel 10 bis 14.

-"- *(1992)*: Übereinkommen über die Biologische Vielfalt (Konvention über Biologische Vielfalt). Abgedruckt in: Bundesministerium für Umwelt, Naturschutz und Reaktorsicherheit (Hg.): Umweltpolitik. Konferenz der Vereinten Nationen für Umwelt und Entwicklung im Juni 1992 in Rio de Janeiro. Bonn: BMU, S. 25-42.

-"- *(1992)*: Rahmenübereinkommen der Vereinten Nationen über Klimaänderungen (Klimakonvention). Abgedruckt in: Bundesministerium für Umwelt, Naturschutz und Reaktorsicherheit (Hg.): Umweltpolitik. Konferenz der Vereinten Nationen für Umwelt und Entwicklung im Juni 1992 in Rio de Janeiro. Bonn: BMU, S. 7-23.

-"- *(1994)*: Übereinkommen der Vereinten Nationen zur Bekämpfung der Wüstenbildung in den von Dürre und/oder Wüstenbildung schwer betroffenen Ländern, insbesondere Afrika (Wüstenkonvention) (in engl. Fassung der Beschlußvorlage 1994).

Weitere Literatur

Häberli, R. et al. (1991): Boden-Kultur. Vorschläge für eine haushälterische Nutzung des Bodens in der Schweiz. Zürich: VDF.

Hurni, H. et al. (Hg.) (1996): Precious Earth. From Soil and Water Conservation to Sustainable Land Management. Bern: International Soil Conservation Organisation.

International Soil Conservation Organisation (ISCO) (1996): 9th Conference, Bonn August 1996. Conclusions and Recommendations. Bonn.

Kümmerer, Klaus; Schneider, Manuel; Held, Martin: Bodenlos – Zum nachhaltigen Umgang mit Böden. Politische Ökologie (Sonderheft 10, München 1997)

Norse, D. et al. (1992) Chapter 2: Agriculture, Land Use and Degradation. In: *Dooge, J.C.I. et al.* (Hg.): An Agenda of Science for Environment and Development into the 21st Century. Based on a Conference held in Vienna Nov. 1991. Cambridge: Cambridge University Press, S. 79-89.

Pimentel, D. et al. (1995): Environmental and Economic Costs of Soil Erosion and Conservation Benefits. Science Vol. 267, Febr. 24, S. 1117-1123.

Wissenschaftlicher Beirat der Bundesregierung Globale Umweltveränderungen (1994): Welt im Wandel: Die Gefährdung der Böden. Jahresgutachten 1994. Bonn: Economica.

-"- *(1996)*: Welt im Wandel: Wege zur Lösung globaler Umweltprobleme. Jahresgutachten 1995. Berlin/Heidelberg: Springer, S. 163-190.

IV. Unterstützung des Vorschlags zu einer Bodenkonvention

Die aktuelle Unterstützerliste ist unter dem Menüpunkt „Support" auf den Soil-Convention.org Internetseiten enthalten.

V. Danksagungen

Die vorliegende Arbeit ist Bestandteil des Tutzinger Projekts „Ökologie der Zeit". Wir danken der Deutschen Bundesstiftung Umwelt und der Schweisfurth-Stiftung für die Förderung.

Die Artikel 11 bis 13 sowie die Artikel 17 bis 30 des vorliegenden Entwurfs, die in Anlehnung an die bereits gültigen Übereinkommen zum Klima, zur biologischen Vielfalt und zur Wüstenbildung formuliert wurden, wurden von der Völkerrechtlerin Kerstin Brandt verfaßt. Sie übersetzte den Vorschlag für eine Bodenkonvention zugleich ins Englische. Auch ihr sei an dieser Stelle hierfür herzlich gedankt.

Ferner danken wir einer Vielzahl von Unterstützerinnen und Unterstützern sowie anderen Fachleuten, die uns bei der Erarbeitung des Vorschlags für eine Bodenkonvention sowie der Bearbeitung der englischen Fassung tatkräftig unterstützten.

VI. Bezugsquelle:

Politische Ökologie Leserservice
pan-Adress
Semmelweisstr. 8
D-82152 Planegg

Tel: ++49 / +89 / 54 41 84-0
Fax: ++49 / +89 / 54 41 84-99
URL: http://www.umwelt.de/magazin/poe
e-mail: oekom@compuserve.com

VII. Autoren

Dr. Martin Held
(Ökonomie und nachhaltige Entwicklung)

Ökonomie und Ökologie
Evangelische Akademie Tutzing
Schloßstraße 2+4
82327 Tutzing
Tel. ++49 / 8158 / 251-116
Fax ++49 / 8158 / 251-133
e-mail: eat06@ev-akademie-tutzing.de

Dr. Klaus Kümmerer
(Naturwissenschaften)

Klinikum der Universität Freiburg
Institut für Umweltmedizin und Krankenhaushygiene
Hugstetter Str. 55
79106 Freiburg
Tel. 0761 / 270 54 64
Fax 0761 / 270 54 85
e-mail: kkuemmer@iuk1.ukl.uni-freiburg.de

Dr. Kerstin Odendahl
(Organisatorische und juristische Teile)

Europ. Zentrum für Staatswissenschaften und Staatspraxis
Rheinbabenallee 49
14199 Berlin
Tel.: 030/841 751-15
Fax: 030/841 751-11
e-mail: odendahl@zedat.fu-berlin.de

Stichwortverzeichnis

Gesellschaft für UmweltGeowissenschaften (Hrsg).

Umwelt-Geochemie
in Wasser, Boden und Luft
Geogener Hintergrund und anthropogene Einflüsse

234 S., 68 Abb., 23 Tab., Broschur. Geowissenschaften + Umwelt.
Springer-Verlag Berlin. ISBN 3-540-67440-3

Vom Winde verweht – mit Spinnweben gingen die Geochemikerin
Kirsten Pleßow und ihr Kollege Hartmut Heinrichs auf Schadstofffang.
Sie nutzten die kunstvollen Fliegenfangobjekte, um in verkehrsfernen
Gebieten im Harz und im Solling Staubpartikel zu sammeln und konnten zeigen,
daß die Anreicherungsfaktoren der untersuchten Partikel sehr gut mit den
Spurenelementmustern von Stadtstäuben übereinstimmen.

Doch wie kommt das Salz in mitteldeutsche Böden?
Der Bodenkundler Stefan Dultz
kann ausschließen, daß es aus dem Untergrund kommt.
Im so genannten Mitteldeutschen Trockengebiet südwestlich von Halle fallen
im östlichen Vorland des Harzes vergleichsweise geringe Niederschläge.
In dem industriell geprägten Raum stammt das Sulfat der identifizierten
Gipskristalle daher vermutlich aus der Verbrennung fossiler Brennstoffe
und wird mit dem (sauren) Regen in den Boden gewaschen.

Hochwasserfluten haben auch eine reinigende Wirkung.
Zu diesem Ergebnis kommen Geologen des Umweltforschungszentrums
Leipzig-Halle. Frank Krüger und seine Kolleginnen und Kollegen untersuchten die
Sedimente, die sie nach Hochflutereignissen im Frühjahr 1997
an der Elbe bei Wittenberge gesammelt hatten, auf ihren Schadstoffgehalt.
Während die erste Hochflutwelle die Schadstofffracht anlieferte,
wusch die zweite Welle diese wieder fort.

Eine überraschende Entdeckung machten Geochemiker in Berliner Gewässern:
Gadolinium, ein Element der Seltenen Erden,
kam dort in unerwarteten Konzentrationen vor.
Andrea Knappe und ihre Kollegen stellen dar, wie das Gadolinium
als Bestandteil von medizinisch verabreichten Diagnostikpräparaten
in den Berliner Gewässern nachweisbar ist.

Diese und andere Untersuchungen behandeln geochemische Prozesse,
die Auswirkungen auf die menschliche Umwelt
– und damit auf die menschliche Gesundheit –
haben.

Gesellschaft für UmweltGeowissenschaften

in der
Deutschen
Geologischen
Gesellschaft
(DGG)

Die GUG
ist eine gemeinnützige
wissenschaftliche Gesellschaft.
Sie sieht ihre Hauptaufgabe darin,
eine fachübergreifende Plattform zur
Bündelung umwelt-relevanten Fachwissens
im geowissenschaftlichen Bereich
zu schaffen.

Die Mitglieder der GUG
kommen aus allen Bereichen
der umwelt-relevanten Geowissenschaften,
z.B. aus der Geochemie,
der Hydrogeologie, der Bodenkunde,
aber natürlich auch aus
den „klassischen" Geowissenschaften.

Die GUG
ist eine deutschsprachige Gründung.
Da Umweltprobleme aber nicht
an Sprachgrenzen aufhören,
ist sie offen für
internationale Kooperationen
und für Mitglieder
aus allen Teilen der Welt.

Die GUG
ist eine der ersten
geowissenschaftlichen Gesellschaften
in Deutschland, die das Internet
als wichtigen Informationsträger
erkannt und genutzt hat.
Bereits im November 1995
war die GUG mit einer
eigenen Homepage
im Internet vertreten.

GUG im Internet:
http://www.gug.org

Zur Verbesserung
des Informationsflusses innerhalb
der Umwelt-Geowissenschaften
hat die GUG einen
multimedialen Informationsservice
eingerichtet:

- das GUG-Online-Info
- das GUG-Info als Informationsforum
  der GUG-Mitglieder
- die GUG-Schriftenreihe
  „Geowissenschaften + Umwelt"

Weiterhin bietet die GUG ihren Mitgliedern

- die Mitgliederliste als Basis des
  GUG-Netzwerks
- den Bezug von Zeitschriften
  zu Sonderkonditionen
- den Besuch von Tagungen und
  Workshops zu ermäßigten Gebühren

Fordern Sie detaillierte Informationen an:

- allgemein zur GUG
- zum GUG-Informationsservice
- zur GUG-Schriftenreihe
  „Geowissenschaften + Umwelt"
- zu GUG + Environmental Geology
- zu Wissenschaftlichem Arbeiten
  in der GUG

GUG-Referentin für Öffentlichkeitsarbeit:
Dr. Claudia Helling
DGFZ e.V.
Meraner Str. 10
01217 Dresden
0351 – 405 06 71 (T)
0351 – 405 06 79 (F)
e-mail: chelling@dgfz.de